KATHARINA SCHLEGL-KOFLER

WELPEN-ERZIEHUNG

▶ **Der 8-Wochen-Trainingsplan für Welpen**

▶ PLU**S: Junghund-Training vom 5. bis 12. Monat**

Erziehen mit Erfolgsgarantie

Zum Nachschlagen

Das 8-Wochen-Training für Welpen

Training für den Junghund

Artgerecht erziehen
mit Erfolgsgarantie

Wenn Sie sich für diesen Ratgeber entschieden haben, wird demnächst ein vierbeiniges Wollknäuel bei Ihnen einziehen. Oder hat das Abenteuer Hund schon begonnen? Die ersten Tage nach dem Einzug des neuen Familienmitglieds sind ziemlich spannend. Wird alles so sein, wie man es sich vorgestellt hat? Wird das Hundekind den Alltag komplett umkrempeln oder sich von Anfang an gut einfügen? Was muss ein Hund lernen, und wie verständigt man sich mit ihm? Es werden sich viele Fragen auftun. Dieser Ratgeber begleitet Sie durch das erste Jahr mit Ihrem Vierbeiner und hilft Ihnen, den richtigen Umgang mit ihm zu lernen.

Erziehung muss sein

Bevor der Welpe bei Ihnen einzog, genoss er acht bis zehn Wochen eine hoffentlich unbeschwerte Kindheit mit Mutter und Geschwistern. Er ist beim Züchter in einem Welpenauslauf groß geworden, am besten mit Zugang zum Wohnhaus, und hat schon einiges an Eindrücken gesammelt – verschiedene Menschen kennengelernt, Geräusche oder kleine Erkundungstouren im Welpenauslauf erlebt. Auch ein wenig Erziehung durch die Mutterhündin wurde ihm zuteil. War Pflege durch Mama angesagt, half dem Welpen kein Maunzen und Strampeln. Mal schnell einen Schluck an Mamas Milchbar nehmen? Nichts da, wenn die Hündin entschieden hatte, dass die Bar jetzt geschlossen ist. Da gab es einen deutlichen »Verweis« für das nervende Hundekind. Auf der anderen Seite gaben ihm Mutter und Geschwister Vertrauen und Geborgenheit, was ihm hoffentlich auch durch den Züchter zuteil wurde. Dadurch konnte sich das so wichtige Grundvertrauen, auch zum Menschen, entwickeln. Bei Ihnen geht die Erziehung weiter. Denn der Hund begleitet Sie durch viele Bereiche Ihres Alltags. Sie treffen auf andere Menschen, fremde Hunde, nehmen ihn mit in ein Restaurant usw. Hier sind gutes Benehmen und Gehorsam gefragt.

Wie der Hund lernt

Seine neue Umgebung ist dem Welpen zunächst völlig fremd. Aber sie scheint abwechslungsreich zu sein. Da gibt es Kabel, Schuhe und Teppichfransen, auf denen man herumkauen kann. In Blumentöpfen lässt es sich prima buddeln, der weiche Teppich lädt zum Pinkeln ein und vieles mehr. Eines ist sicher: Der kleine Hund muss viel lernen … Hunde sind ziemlich anpassungsfähig und lernen schnell.

Nur, wie macht man dem Hund klar, was man von ihm möchte oder was er nicht tun soll? Und wann beginnt man überhaupt mit den Erziehungsmaßnahmen? Am besten sofort. Denn Ihr Vierbeiner befindet sich gerade in einer wichtigen Entwicklungsphase (→ Seite 18/19).

Lernen durch Erfolg und Misserfolg

Der Hund lernt, indem er bestimmte Dinge verknüpft. So zeigt er gern Verhaltensweisen wieder, die ihm aus seiner Sicht einen Nutzen gebracht haben. Bekommt er etwa für »Sitz« wiederholt ein Leckerchen, wird er sich gern wieder setzen. Zerrt er an der Leine und Sie gehen mit, lernt er, dass er durch Zerren dahin kommt, wohin er will. Auf der anderen Seite lernt er natürlich auch, etwas zu unterlassen. Nämlich dann, wenn er mit einem bestimmten Verhalten keinen Erfolg hat oder etwas Negatives darauf folgt. Zum Beispiel wird er nicht mehr am Tisch betteln, wenn Sie ihn nicht beachten. Er wird sich auch nicht mehr anschicken, etwas vom Tisch zu stibitzen, wenn dabei ein Topfdeckel samt »Köder« klappernd zu Boden fällt.

Lernen durch Beobachten

Ihr Vierbeiner lernt nicht nur, wenn Sie ganz bewusst etwas mit ihm üben, sondern er lernt den ganzen Tag. Denn ein Hund beobachtet sehr genau. Ziehen Sie beispielsweise immer dieselbe Jacke an, wenn Sie mit Ihrem Vierbeiner nach draußen gehen, wird er nach kurzer Zeit schon schwanzwedelnd parat stehen, sobald Sie nach dieser Jacke greifen. Er kann auch zum Beispiel Familienmitglieder bereits an ihrem Schritt erkennen, bevor sie zur Haustür hereinkommen, oder etwa das Geräusch des Computers beim Ausschalten damit verbinden, dass Sie jetzt wieder Zeit für ihn haben.

Den Grundstein legen

Im Welpenalter wird der Grundstein für das Zusammenleben gelegt. Erziehung, also die Anpassung an das Leben seiner Zweibeiner samt der dazugehörigen »Vorschriften«, ist ein wichtiger Baustein. Ein anderer ist die Ausbildung, also das Erlernen von Gehorsamsübungen. Der Welpe lernt wenige und relativ einfache Übungen, aber er macht dadurch wichtige Erfahrungen. Er begreift, dass es sich lohnt, sich an Ihnen zu orientieren. Aber auch, dass es die Belohnung nur gibt, wenn er genau das tut, was Sie wollen, und er keine Alternative dazu hat. Nehmen Sie Erziehung und Training deshalb recht genau, dann lässt sich im Junghundealter sehr gut darauf aufbauen.

Das Mensch-Hund-Team

Wenn der Welpe bei Ihnen einzieht, liegt seine Erziehung ab sofort in Ihrer Hand. Zu lernen gibt es noch eine ganze Menge für den Kleinen, denn Sie möchten sicher einen problemlosen Hund, der mit Ihnen durch dick und dünn geht – ob Sie nun joggen, Ihr Kind zum Fußballspiel begleiten, einen Sonntagsausflug machen oder Freunde besuchen.

Rudeltier Hund

Hunde sind wie ihr Vorfahre, der Wolf, Rudeltiere. Sie leben also in einem sozialen Verband. Aber anders als der Wolf bringt der Hund durch jahrtausendelange Selektion eine besondere Bindungsbereitschaft gegenüber dem Menschen mit. Der Mensch ist für ihn ein echter Sozialpartner geworden. Diese Bindungsbereitschaft, kombiniert mit seiner Anpassungs- und Lernfähigkeit, macht es erst möglich, dass der Hund uns Menschen im Alltag begleiten kann. Das heißt aber auch, dass er sich in das »Rudel« einfügen muss.

Familienkonferenz

Für jeden Lernerfolg des Hundes sind viele Wiederholungen, ein systematisches Vorgehen und Konsequenz wichtig. Nur dann wird dem Hund wirklich klar, was Sie von ihm möchten. Gehören zum neuen »Rudel« des Welpen mehrere Personen? Dann ist es sinnvoll, sich zusammenzusetzen und zu überlegen, welche einheitlichen Regeln für das neue Familienmitglied gelten sollen und was es wie lernen soll. Soll zum Beispiel ein Zimmer für den Hund tabu sein? Darf er auf das Sofa oder nicht? Wird er vom Tisch gefüttert? Welche Übungen soll er lernen, und welche Hörzeichen wollen Sie dafür verwenden? Hier ist Einigkeit der Familienmitglieder gefragt, damit Regeln und Übungen für den Hund verständlich werden.

Einer erzieht

Regeln muss der Hund von Anfang an bei jedem einhalten. Jüngere Kinder bleiben dabei allerdings außen vor. Sie sind noch nicht in der Lage, einem Hund etwas beizubringen. Übungen sollte nur ein Familienmitglied – ein Erwachsener oder ein älterer Jugendlicher – mit dem Vierbeiner machen. Denn jeder hat eine andere Stimme, betont anders, bewegt sich anders. Das wäre am Anfang zu verwirrend für das Hundekind, und es fiele ihm schwer, das Wesentliche herauszufiltern. Was der Welpe aber bereits kann, können auch andere Familienmitglieder in gleicher Weise mit ihm üben.

Die Kommunikation

Damit der Vierbeiner versteht, was Sie von ihm möchten, ist es wichtig, dass er eine Bindung an Sie hat und Sie sich so verhalten, dass er etwas Konkretes daraus ablesen kann.

Die Bindung

Sie ist die Grundlage für das Miteinander von Ihnen und Ihrem Vierbeiner und entsteht durch Nähe, Zuwendung und Fürsorge. Aber auch dadurch, dass Sie sich Ihrem Hund gegenüber stets klar, beständig, beherrscht und souverän verhalten. Dies alles gibt dem Hund Sicherheit und zeigt ihm, dass er sich auf Sie verlassen kann. Sie und Ihr Vierbeiner werden so ein Team, in dem Sie der Teamchef sind. Ihr Hund wird sich dann bereitwillig an Ihnen orientieren und Sie respektieren. Das wiederum ist die Voraussetzung für eine effektive Erziehung und Ausbildung.

Souveränität

Souveränes Auftreten heißt nicht etwa, den Hund zu »unterdrücken«, sondern ihn durch innere Autorität überzeugend zu leiten. Vieles davon vermitteln Sie Ihrem Vierbeiner durch Ihre Körpersprache und Ihre Stimme. Sie können sich unsicher oder sicher bewegen, entschlossen oder zögerlich. Je sicherer und entschlossener Sie auftreten, umso souveräner wirken Sie auch auf Ihren Hund.

Mit der Stimme ist es ähnlich. Verständigen Sie sich grundsätzlich in normaler Lautstärke oder eher leise. Aber der Tonfall ist wichtig. Sie können in ein Hörzeichen Ruhe legen, oder Sie lassen es »mitreißend« klingen. Ruhe brauchen Sie etwa beim »Sitz« oder »Bleib«. Rufen Sie Ihren Hund jedoch oder üben Sie das Bei-Fuß-Laufen, müssen Sie »Action« in Ihre Stimme legen. Sie können dem Hörzeichen einen ruhigen, aber festen Tonfall geben. Gebrauchen Sie es nämlich

Bringt unerwünschtes Verhalten des Vierbeiners, wie hier das Zerren, nie Erfolg, lässt der Hund es von alleine sein.

so, dass es eher wie eine Frage oder Bitte klingt, dann wird Ihr Hund Sie nicht ernst nehmen. Auch ein Tadel lässt sich sehr gut über die Stimme ausdrücken – von Räuspern über ein knurriges »Nein« bis zu einem wirklich drohenden Tonfall. Erklärungen versteht Ihr Hund nicht. Reden Sie zu viel mit ihm, wird er auf Ihre Stimme nicht mehr reagieren, weil er nichts daraus entnehmen kann.

Völlig unsouverän wirken zum Beispiel ständiges Streicheln des Hundes, dauerndes Reden mit ihm, Nervosität, zu passives Verhalten des Menschen und insgesamt zu viel und ungerichtetes »Verwöhnaroma«. Fehlt die Souveränität, fehlt dem Hund also Ihre Führung, wird er Sie mehr als Kumpel sehen und sich meist nur dann nach Ihnen richten, wenn sich gerade nichts Interessanteres auftut. Er wird dann leicht zu eigenständig und nimmt Sie nicht wirklich ernst. »Dankbarkeit« Ihnen gegenüber, etwa weil er verhätschelt wird oder viele Freiheiten genießt, ist dem Hund fremd.

TIPP

Am Ball bleiben

Dieser Ratgeber führt Sie durch das erste Jahr mit Ihrem Welpen. Aber das heißt nicht, dass der Hund nun »fertig« ist. Das Gelernte muss auch danach erhalten und gefestigt werden. Ihr Vierbeiner will außerdem weiter gefördert und gefordert werden. Das ist auch gut so, denn die enge Kommunikation zwischen Mensch und Hund ist das, was an der Haltung eines Vierbeiners so viel Spaß macht.

Aktiv sein

Im Zusammenleben mit dem Vierbeiner kommt es darauf an, dass Sie für den Hund interessant sind und auch, dass er in gewisser Weise von Ihnen abhängig ist. Das erreichen Sie neben souveränem Auftreten insgesamt dadurch, dass Initiativen in der Regel von Ihnen ausgehen.

Konkret bedeutet das, dass Sie bestimmen, wann es Futter gibt, wann gekuschelt wird, Spielen angesagt ist, der Spaziergang ansteht und vieles mehr. Möchten Sie Ihrem Hund dagegen möglichst alles recht machen und »springen« jedes Mal, wenn er etwas will, erreichen Sie genau das Gegenteil. Ob Sie nun grundsätzlich auf gar keine Forderung Ihres Hundes eingehen oder gelegentlich doch seinen Wünschen nachgeben, hängt vor allem davon ab, zu welchem Typ Ihr Vierbeiner gehört.

Bei eigenständigeren oder dickköpfigeren Vierbeinern sollten konsequent nur Sie der agierende Teil sein. Bei führigen Hunden dürfen Sie das auch mal etwas lockerer sehen. Aber nie sollte es so sein, dass einzig und allein der Hund agiert und Sie immer nur reagieren.

Das richtige Timing

Der exakte Einsatz von Körpersprache und Stimme ist dann am wirkungsvollsten, wenn das Timing stimmt. So kann es durchaus passieren, dass man je nach Verhalten des Hundes von lobender Stimme rasch auf ein »Knurren« umschalten muss. Oder sich unterwegs im richtigen Augenblick vom Hund entfernen muss, um ihn auf diese Weise zum Kommen oder Mitlaufen zu animieren.

Wartet man in solchen Situationen zu lange mit der Kommunikation oder signalisiert dem Hund etwas Falsches, kann er Ihrem Verhalten nicht das entnehmen, was Sie ihm jetzt gerade vermitteln möchten.

So wird das Üben kinderleicht

Zum Pflichtprogramm eines jeden Vierbeiners gehören im Zusammenleben mit uns Menschen unbedingt einige wichtige Gehorsamsübungen. Doch wie können Sie die Ihrem Youngster am besten beibringen?

Positive Motivation

Hunde sind von Natur aus neugierig und lernen gern. Bis sie aber etwas können, bedarf es vieler Wiederholungen, die möglichst durchgehend fehlerfrei ablaufen sollten. Das heißt, Sie gestalten die Übungssituation so, dass der Hund im Prinzip nichts anderes tun kann als das, was Sie von ihm möchten. Ansporn für den Hund ist in jedem Fall die anschließende Belohnung (→ Seite 10).

Das Signal

Um dem Hund sagen zu können, dass er sitzen, kommen oder was auch immer tun soll, brauchen Sie ein Signal. Das ist meist ein Wort, kann je nach Übung aber auch ein Pfiff oder ein Handzeichen sein. Doch wann führt man am besten welches Signal ein?

Stellen Sie sich vor, es sagt jemand zu Ihnen in einer für Sie vollkommen fremden Sprache, dass Sie sich setzen sollen. Sie würden es nicht verstehen. Setzen Sie sich aber einige Male von selbst auf einen Stuhl und hören dabei jedes Mal das entsprechende Wort in der fremden Sprache, können Sie verknüpfen, dass das wohl »Setzen Sie sich« heißt.

Genauso geht es Ihrem Vierbeiner. Wenn Sie »Sitz« sagen und das für ihn völlig neu ist, kann er nicht wissen, was Sie meinen. Deshalb nennen Sie das Hörzeichen erst, während er das erwünschte Verhalten gerade ausführt. Nach einigen Wiederholungen kann er beides verknüpfen.

Beispiel »Platz«: Für die Belohnung richtet sich der Welpe auf – so wird das Aufsetzen belohnt und nicht das Platz!

So machen Sie es richtig – die Belohnung gibt es, wenn sich der Welpe genau in der Platzposition befindet.

Die Belohnung

Es klingt eigentlich ganz einfach: Hat der Hund etwas richtig gemacht, gibt's ein Häppchen. Doch auch Belohnen will gelernt sein! Zunächst ist es wichtig, den Hund im richtigen Moment zu belohnen – nämlich während er noch exakt das macht, wofür man ihn belohnen möchte. Denn der Hund verbindet Lob und auch Tadel immer mit dem Verhalten, welches er zuletzt gezeigt hat (→ Fotos, Seite 9).

Dazu ein Beispiel: Sie haben den Welpen zu sich gerufen, und er kommt bei Ihnen an. Sie suchen erst jetzt in der Tasche nach dem Leckerchen. Der Welpe schnüffelt inzwischen am Boden, läuft zum nächsten Mauseloch oder springt an Ihnen hoch. Bekommt er den Happen dann endlich, verbindet er ihn nicht mehr mit dem Kommen.

Immer belohnen?

Bis der Vierbeiner ein Kommando verstanden hat und es richtig ausführt, bekommt er jedes Mal eine Belohnung. Ganz zu Anfang halten Sie die Belohnung sogar in der Hand, um den Hund damit in die gewünschte Position zu lenken. Hat er verstanden, worum es geht, bekommt er seine Belohnung, nachdem er die Übung ausgeführt hat. Erst dann holen Sie das Leckerchen aus der Tasche, aber relativ schnell. Ab dann bekommt er, vor allem bei einfachen Übungen, nicht mehr jedes Mal etwas, sondern nur noch ab und zu. Besondere Leistungen, zum Beispiel wenn sich Ihr Kleiner aus dem Spiel mit einem Artgenossen rufen lässt, werden dagegen ganz besonders belohnt, etwa gleich mit einer halben Handvoll Happen. Das erhält die Erwartungshaltung. Stimmlich können Sie den Hund natürlich bei jeder richtigen Ausführung loben. Aber das muss, wie etwa bei einem banalen »Sitz«, nicht immer überschwänglich ausfallen. Auch die Stimme können Sie nach Leistung dosieren.

Wichtig: Die Belohnung bekommt der Vierbeiner immer am Ende der Übung. Soll der Hund zum Beispiel länger im Platz liegen bleiben, erhält er den Happen am Ende dieser Zeit, nicht etwa in dem Moment, in dem er sich hinlegt.

Reizvolle Belohnung

Lernt der Hund über eine Belohnung, muss er diese auch wirklich wollen. Sonst wird er sich nicht anstrengen. Testen Sie, was Ihr Hund gern frisst. Das kann normales Trockenfutter sein, aber auch gekochtes Hähnchenfleisch oder kleine Obststückchen. Verwenden Sie kleine, weiche Häppchen, auf denen er nicht herumkauen muss, sondern die er rasch schlucken kann. Beim Üben sollte der Hund nicht satt sein.

Wenn der Hund etwas falsch macht

Leider verhält sich ein junger Hund nicht immer gerade so, wie Sie es gern möchten. Geht beim Training etwas schief, denken Sie zunächst nach, ob der Aufbau der Übung richtig war. Vielleicht sind Sie zu rasch vorgegangen? Hat der Hund Ihr Signal überhaupt schon verstanden? Ist die Ablenkung zu groß? Gehen Sie einige Übungsschritte zurück und bauen Sie die Übung noch einmal neu auf. Sind Sie aber sicher, dass der Hund die Übung beherrscht, korrigieren Sie ihn. Oft reicht schon ein fester Tonfall mit strengem Blick. Auch hier ist das Timing wichtig. Steht Ihr Vierbeiner etwa unerlaubt aus dem Sitzen auf, korrigieren Sie ihn schon, während er aufsteht.

Es ist oft nützlich, taktisch vorzugehen. Dadurch vermeiden Sie unerwünschte Erfolgserlebnisse des Hundes. Soll Ihr Hundekind etwa lernen, niemanden anzuspringen, dann wird das nicht klappen, wenn es immer wieder mal Gelegenheit dazu hat und sich jemand darüber freut. Reizen Ihren Junghund zum Beispiel die Hühner in Nachbars Garten,

Einheitliche Regeln: Darf der Hund beispielsweise nicht auf das Sofa, müssen ihm das alle Familienmitglieder verbieten.

nehmen Sie ihn immer rechtzeitig an die Leine, wenn Sie an diesem Grundstück vorbeigehen, damit er nicht womöglich ab und zu seinem Jagdtrieb frönen kann. Möchte der Jungspund verbotenerweise auf das Sofa oder Ihren Teppich bearbeiten, hängt Ihre Einwirkung davon ab, welcher Typ Ihr Hund ist. Bei einem »weicheren« Exemplar reicht ein tiefes Räuspern mit entsprechendem Blick und Körperhaltung, bei einem anderen kann zusätzlich ein beherzter Griff ins Fell nötig sein. Sie müssen Ihren Hund also gut einschätzen können. Die Korrektur sollte weder zu schwach sein, noch darf sie den Hund zu stark beeindrucken. Aber er sollte das unerwünschte Verhalten einstellen. Wägen Sie ab, wo Sie den Kleinen direkt mit einem »Nein« oder Ähnlichem zurechtweisen oder wo Sie im Vorfeld vermeiden, dass er

etwas Unerwünschtes tun kann. Es sollte jedenfalls nicht so sein, dass der Welpe anfangs nur ständig »Nein« hört. Vermeiden Sie im Umgang mit Ihrem Vierbeiner Hektik und Nervosität, das überträgt sich auf den Hund und wirkt sich nachteilig auf die Situation aus.

Die Erziehung muss eine Einheit bilden

Denken Sie bei der Erziehung bitte immer daran, dass all diese Dinge, die wir hier besprochen haben, wie etwa souveränes Auftreten, bewusster Einsatz von Stimme und Körpersprache, richtiges Timing, richtig belohnen, zusammenwirken. Berücksichtigen Sie außerdem stets, welcher Typ Hund Ihr Vierbeiner ist, und richten Sie die Kommunikation mit ihm danach aus.

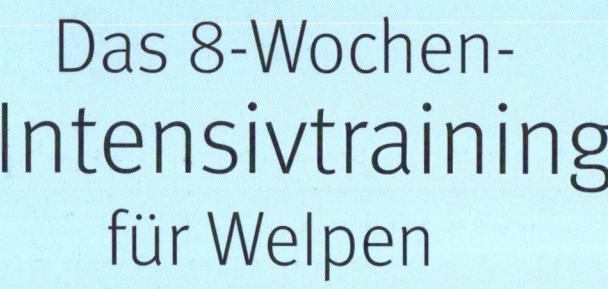

Das 8-Wochen-Intensivtraining
für Welpen

Nun kann das Abenteuer Hund beginnen! Sicher können Sie es kaum noch erwarten, bis der Welpe endlich bei Ihnen ist. Sie werden erleben, wie viel Spaß es macht, sich mit dem Hundekind zu beschäftigen und zu beobachten, wie schnell es lernt und sich an Sie bindet. Genießen Sie die Zeit, auch wenn sie manchmal etwas stressig ist. Denn ruck, zuck wird aus dem knuddeligen Welpen ein Junghund. Wenn Sie die Welpenzeit optimal nutzen, beugen Sie so manchem späteren Problem vor und schaffen eine gute Basis, auf der sich die weitere Erziehung und Ausbildung des Jungspunds problemlos aufbauen lässt.

Wie der Übungsplan funktioniert

Jetzt kann es mit der Welpenerziehungs-Praxis losgehen! Bevor der Welpe einzieht, steht noch ein Check der Vorbereitungen an, und dann beginnt der Übungsplan. Der Plan ist in einzelne Wochen unterteilt, die angeben, wie lange der Hund schon bei Ihnen ist, und umfasst den Zeitraum bis zur 16. Lebenswoche. Es ist aber kein Beinbruch, wenn Sie den Plan nicht ganz zeitgerecht einhalten können und zum Beispiel für ein Wochenpensum zwei Wochen benötigen. Dehnen Sie also bei Bedarf die Zeit aus. Verkürzen sollten Sie den Zeitraum besser nicht, denn der Welpe ist schnell überfordert, auch wenn er zunächst vielleicht gut mitmacht. Übernehmen Sie einen schon älteren Welpen, üben Sie bitte trotzdem nach dem Wochenplan. In jeder Woche stehen neue Lektionen auf dem Stundenplan, die oft aufeinander aufbauen. Gehen Sie daher systematisch vor und überspringen Sie nichts. Einen Überblick der einzelnen Lektionen finden Sie bei jeder Woche in einem extra Info-Kasten.

Ein »richtiger« Hund

Auch wenn der Welpe aussieht, als käme er direkt aus dem Spielwarengeschäft – er ist schon ein richtiger Hund, der noch dazu gerade in der Welpenzeit besonders intensiv lernt (→ Seite 18/19). Deshalb sollten Sie ihn auch als solchen behandeln. Es spielt dabei keine Rolle, ob er etwa einer großen oder einer sehr kleinen Rasse angehört. Erklären Sie besonders Ihren Kindern, dass ein Welpe kein Spielzeug ist.

Den Welpen kennenlernen

Jeder Vierbeiner ist eine eigene Persönlichkeit. Es gibt Softies und Draufgänger, kleine Frechlinge und sehr kooperative Hundekinder und natürlich auch einiges dazwischen. Sie werden schnell herausfinden, welcher Typ Ihr Kleiner ist. Für die Erziehung und den Umgang mit dem kleinen Hund ist es – wie Sie bereits lesen konnten – wichtig, dass Sie die Persönlichkeit Ihres Welpen einschätzen können. Danach richtet sich Ihr Auftreten ihm gegenüber. Ist Ihr Welpe zum Beispiel ein sehr weicher und »braver« Hund, wirkt sich ein zu autoritärer Umgang verunsichernd und »bedrohlich« auf ihn aus. Umgekehrt wird ein »frecher« Welpe Sie nicht ernst nehmen, wenn Sie sich ihm gegenüber zu »weich« oder zu zögerlich verhalten. Souveränes Auftreten ist allerdings grundsätzlich wichtig. Das konnten Sie ja schon im ersten Kapitel lesen. Falls Ihr Naturell nicht dem entspricht, was der Welpe braucht, versuchen Sie, sich bewusst darauf einzustellen. Mit etwas Übung gelingt es Ihnen.

Qualität vor Quantität

Der Welpe braucht keine Daueranimation. Ja, er muss sogar lernen, dass sich nicht ständig alles um ihn dreht. Das ist wichtig. Es ist also nicht nötig, ständig mit ihm zu üben oder sich mit ihm zu beschäftigen. Bieten Sie Ihrem Hund lieber kleine bzw. kurze, aber durchdachte Übungseinheiten an und nicht zu viele und womöglich zu lange Übungen ohne Plan. Das verwirrt den Kleinen nur.

Das Ziel

Was genau möchte man nun in der Welpenzeit erreichen? Zum einen, dass der Welpe mit seinem künftigen Umfeld klarkommt und dass er eine stabile Bindung zu Ihnen aufbaut und sich an Ihnen orientiert. Dazu kommen einige wichtige Basics in Sachen Gehorsam. Durch dieses Training erlebt und lernt das Hundekind nachhaltig, dass es sich lohnt, das zu tun, was Sie möchten, und letztlich auch, dass es keine Alternative hat. Darauf kommt es an. Dafür ist es jedoch nicht wichtig, dem Welpen eine Unmenge verschiedener Übungen und Kommandos beizubringen. Das würde ihn hoffnungslos überfordern. Dazu ist später Zeit genug, denn der Hund lernt sein Leben lang. Aber die Basis des Miteinanders, die wird im Welpenalter und somit in der Sozialisierungsphase geschaffen (→ Seite 18/19).

Die Woche null

Bis zum Abholtermin ist es jetzt noch ungefähr eine Woche. Alles was rund um den Welpen wichtig ist, sollte im Haus sein. Prüfen Sie auch Ihre Wohnung auf ihre Welpensicher-heit. Erledigen Sie am besten auch sonst alles, was noch zu machen ist. Denn ist der Welpe da, wird er zunächst Ihren Alltag ein wenig durcheinanderbringen und ziemlich viel von Ihrer Zeit beanspruchen.

Gefahrloser Aufenthalt in der Wohnung

Wenn Sie noch keinen Hund hatten, kann es anfangs ungewohnt sein, dass sich ein Tier frei in der Wohnung bewegt. Und Sie glauben gar nicht, wohin so ein Welpe überall kommt! Allerdings gibt es große Unterschiede von Welpe zu Welpe. Manche sind sehr aktiv und »experimentierfreudig«, andere wiederum recht »brav«. Aber Sie wissen ja noch nicht, wie Ihr Vierbeiner sein wird. Um Gefahren für das Hundekind zu vermeiden und Ihre Einrichtung zu schützen, sollten Sie Ihre Wohnung vor der Ankunft des Vierbeiners welpensicher machen. Versuchen Sie bei einem Rundgang, die Wohnung aus der Sicht des Welpen zu sehen.

Kabel: Verstauen Sie Kabel etwa hinter dem Sofa oder einem Schrank, damit der Hund sie nicht erreichen kann.

Zimmerpflanzen: Töpfe, die am Boden stehen, verleiten so manchen Welpen zum Buddeln. Bringen Sie die Zimmerpflanzen in einen Raum, zu dem der Welpe keinen Zugang hat, oder machen Sie die Pflanze unzugänglich, indem Sie sie mit einem Schutzgitter versehen oder ein Möbelstück davor platzieren. Überprüfen Sie außerdem, ob Sie giftige Zimmerpflanzen haben, die der Welpe erreichen könnte (→ Internet-Adressen, Seite 166). Wenn ja, bitte entfernen.

Chemikalien: Vor manchen Welpen ist nichts sicher. Reinigungsmittel und ähnliche Chemikalien sollten daher für den Kleinen unzugänglich aufbewahrt werden. Also am besten ab in einen Schrank damit. Das gilt übrigens auch für den Mülleimer, den viele Hunde mit Vorliebe durchstöbern.

Beim Heimfahren nehmen Sie den Welpen am besten auf den Schoß. So fühlt er sich in der neuen Situation nicht allein.

Checkliste

Was der Welpe braucht

Bereits beim Einzug des Welpen bei Ihnen sollte folgende Grundausstattung für den kleinen Vierbeiner im Haus sein.

Für sein Wohlbefinden

- Futter! Erkundigen Sie sich rechtzeitig, welches Futter der Welpe bisher bekam. Besorgen Sie das gleiche, vorausgesetzt, der Welpe wurde gut ernährt. Zumindest in den ersten Wochen sollten Sie es noch füttern, damit der Welpe sich neben der Umstellung auf sein neues Zuhause nicht auch noch an anderes Futter gewöhnen muss.
- Näpfe! Futter- und Wassernapf sollten ebenfalls schon bereitstehen und weder zu groß noch zu klein sein. Gut, wenn sie rutschfest und leicht zu reinigen sind.
- Hundebett! Auch Vierbeiner haben es gern gemütlich. Ein weiches Hundekissen ist gut geeignet, auch als Einlage in der Hundebox. Es muss waschbar sein, braucht aber für den Welpen noch nicht zu teuer zu sein. So manches Hundebett überlebt die Welpen- und Junghundezeit nicht. Außerdem muss es groß genug sein. Der Kleine soll sich bequem darauf ausstrecken können.
- Spielzeug! Ein paar Spielzeuge aus dem Zoofachhandel dürfen nicht fehlen. Aber bitte keine ganze Kiste voll! Es reichen zwei, drei Dinge. Gut ist zum Beispiel ein Ziehtau oder ein Ball mit Schnur. Welpen, die gern etwas tragen, mögen weiche Gegenstände. Achten Sie beim Kauf darauf, dass sich keine Kleinteile vom Spielzeug lösen können, die der Welpe womöglich verschlucken kann.

- Hundebox! Kann der Welpe kurze Zeit nicht beaufsichtigt werden, ist zu viel los oder ist er überdreht, ist eine Hundebox nützlich. Dort kann er zur Ruhe kommen, er kann nichts anstellen und ist vor zu viel »Action« geschützt. Auch für die nächtliche Stubenreinheit leistet eine Box gute Dienste. Hundeboxen gibt es in unterschiedlichen Ausführungen im Zoofachhandel, auch zusammenklappbar. Wollen Sie die Box auch später verwenden, wenn der Hund ausgewachsen ist, kaufen Sie gleich die passende Größe. Der Hund muss sich bequem hinlegen und auch darin stehen können.

Für seine Erziehung

- Halsband! Fragen Sie den Züchter nach der Halsweite des Hundekindes, damit Sie die passende Größe des Halsbands kaufen können. Es sollte in der Weite verstellbar sein, denn der Knirps wächst schnell. Am besten ist ein Nylonhalsband, das sich nicht zuzieht. Das Halsband trägt der Welpe von Anfang an tagsüber dauernd. Für Kleinhunderassen ist ein Brustgeschirr besser geeignet.
- Leine! Sie gibt es passend zum Halsband. Die Leine sollte sich mittels zweitem Karabinerhaken in der Länge variieren lassen. Das ist für viele Übungen sehr praktisch. Während der Übungen wird der Welpe immer angeleint. So lernt er die Leine postiv kennen, denn beim Üben gibt es immer Belohnungen!
- Hundepfeife! Sobald der Hund ein Stück weit weg ist, klingen besonders Frauenstimmen eher dünn. Die Hundepfeife ist hier eine wertvolle Hilfe. Kaufen Sie sich am besten zwei gleiche Hundepfeifen, damit Sie immer eine in Reserve haben. Gut sind stabile Kunststoffpfeifen, deren Töne Sie selbst auch hören können.

Führleine und Halsband gehören neben der Hundepfeife zur sinnvollen Grundausstattung des Vierbeiners.

Das Hundebett muss waschbar sein. Qualitativ hochwertiges Spielzeug für den Welpen erhalten Sie im Zoofachhandel.

Boden und Teppiche: Teppiche laden zum Beknabbern ein. Außerdem bevorzugen viele Welpen, solange die Stubenreinheit noch nicht klappt, einen weichen Untergrund. Räumen Sie deshalb wertvolle Teppiche in den ersten Wochen am besten weg. Wenn Sie recht glatte Böden haben, sollte aber der Teil, in dem sich der Welpe hauptsächlich aufhält, mit Teppichen belegt sein, damit das Hundekind nicht dauernd ausrutscht. Das wäre schlecht für die Gelenke.

Treppen: Längere Treppenauf- und -abgänge sind Gefahrenquellen für den Welpen. Er könnte hinunterfallen oder bei offenen Treppen gar durch die Stufen rutschen. Zu häufiges Gehen vieler Stufen ist außerdem schädlich für die Gelenke. Damit Sie nicht ständig auf dem Sprung sein müssen, sichern Sie die Treppen in den ersten Monaten mit einem Absperrgitter für Kinder ab.

Kleinteile: Welpen nehmen wie Kleinkinder gern alles in ihr Mäulchen. Leider erkennen sie meist nicht, dass vieles nicht genießbar ist. Leben Kinder im neuen »Rudel« des Welpen, besprechen Sie mit ihnen, wie wichtig es ist, Bauklötzchen und ähnliche Dinge nicht dort auf dem Boden liegen zu lassen, wo der Welpe sich aufhält. Gefährlich sind zum Beispiel auch Plüschtiere mit Plastikaugen. Ist das Kinderzimmer im ersten Stock, erweist sich ein Absperrgitter an der Treppe auch in dieser Hinsicht als sehr nützlich.

Gefahrloser Aufenthalt im Garten

Den gleichen Kontrollgang wie in der Wohnung machen Sie nun auch durch Ihren Garten. Denn der ist ein toller Abenteuerspielplatz für Welpen …

Beete und Teich: Zäunen Sie Beete, die Ihnen wichtig sind, in den ersten beiden Jahren mit einem leichten Zierzaun ein. Erlebt der Welpe von Anfang an, dass er nicht an die Beete herankommt, sind sie auch später nicht interessant für ihn. Kann er dagegen immer wieder mal dort buddeln, wird er es immer wieder versuchen. Ein Gartenteich muss gesichert werden, um den Welpen vor dem Ertrinken zu schützen.

Kellerschächte: Offene Kellerschächte stellen ebenfalls eine Gefahr für den Welpen dar. Decken Sie sie deshalb ab.

Werkzeuge und Chemikalien: Gartenwerkzeug ist schwer und hat oft gefährliche Spitzen, wie etwa ein Rechen.

Solch eine Box ist für viele Situationen nützlich. Richtig daran gewöhnt, lieben Hunde ihre »Höhle«.

Tabubereiche wie etwa Treppen werden zur Sicherheit des Welpen am besten unzugänglich gemacht.

Verstauen Sie Gartenwerkzeuge im Geräteschuppen. Das Gleiche gilt für Dünger, Schneckenkorn und ähnliche Mittel. **Gartenzaun und Balkon:** Welpen sollte man grundsätzlich nicht allein im Garten lassen. Dennoch kann das vor allem im Sommer schon einmal vorkommen. Damit der Kleine nicht das Grundstück verlassen kann oder gar gestohlen wird, ist es wichtig, das Grundstück sicher einzuzäunen. Kontrollieren Sie Ihren Zaun und sichern Sie eventuelle Schlupflöcher ab. Ist es nicht möglich, das gesamte Grundstück ausbruchssicher zu machen, zäunen Sie wenigstens einen entsprechenden Teil um die Terrasse herum ein. Hat der Welpe Zugang zu einem Balkon, prüfen Sie, ob das Balkongeländer sicher und dicht genug ist. Ziehen Sie gegebenenfalls zusätzlich einen Kaninchendraht oder Ähnliches.

Die Welpengruppe

Besonders für Ersthunde- bzw. Erstwelpenbesitzer ist der Besuch einer gut geführten Welpengruppe empfehlenswert. Schauen Sie sich in Ihrer Umgebung nach Hundeschulen oder Vereinen um und besuchen Sie am besten schon die eine oder andere Welpengruppe als Zuschauer. Wichtig ist, dass in einer Gruppe nicht mehr als vier bis fünf Welpen im Alter bis 16 Wochen sind. Der Trainer achtet darauf, dass kein Welpe von einem anderen untergebuttert wird, und greift bei Bedarf ein. Junghunde haben in einer Welpengruppe nichts verloren, sie sind zu stürmisch und zu groß. Das bedeutet Stress für die Welpen, genauso wie zu viele Welpen in einer Gruppe. Es sollte keine reine Spielgruppe sein. Im Vordergrund stehen vielmehr Bindungsübungen und der richtige Umgang mit dem Welpen sowie erste kleine Gehorsamsübungen über positive Motivation. Dadurch lernen auch Sie wichtige Grundlagen über das Lernverhalten, den Einsatz von Stimme und Körpersprache usw. Dazwischen gibt es kleine Spielphasen, in denen die Welpen das Sozialverhalten untereinander üben können. Das Hundekind soll lernen, dass Sie auch dann interessant und sein Mittelpunkt sind, wenn Artgenossen in Sicht sind. Nicht lernen soll es dagegen, dass Artgenossen »Halligalli« bedeuten und Sie dann sozusagen abgemeldet sind. Gute kleine Gruppen haben manchmal Wartelisten.

Ist das Hundekind zu frech geworden, wird es von der Mutterhündin durch einen Schnauzgriff zurechtgewiesen.

Was passiert in der Welpenzeit?

Wenn ein Welpe in sein neues Zuhause umzieht, ist er meist acht bis neun Wochen alt. Obwohl noch so jung, hat er schon einiges erlebt.

1 Das Hundeleben beginnt

Welpen kommen nach ca. 62 Tagen Trächtigkeit zur Welt. Eine instinktsichere Hündin braucht dazu keine Hilfe. Sie befreit den Welpen aus der Fruchthülle, nabelt ihn ab und leckt ihn trocken. Das ist sehr wichtig, denn dadurch kommt der Kreislauf in Schwung, und der Welpe beginnt zu atmen. Welpen sind sogenannte »Nesthocker«. Sie können nichts sehen, nichts hören und sich nur robbend fortbewegen. Sie sind vollkommen von der Brutpflege der Mutter abhängig. Sogar die Verdauung funktioniert am Anfang nur, wenn die Hündin mit ihrer Zunge den kleinen Bauch massiert. Aber die Kleinen können auch bereits einiges. Sie haben ein Empfinden für Wärme und Kälte, und auch der Geruchssinn funktioniert schon ein wenig. Dazu sagt ihnen ihr Instinkt sofort nach der Geburt, dass sie so schnell wie möglich die Milchquelle, das Gesäuge der Mutter, finden müs-

Genügend positiver Menschenkontakt ab der dritten Woche ist die Voraussetzung für das wichtige Urvertrauen zum Zweibeiner.

sen. Wärmempfinden und Geruchssinn führen den Welpen dorthin. Zielstrebig arbeitet er sich, wenn nötig über die Beine der Mutter und schon geborene Geschwister, vor, bis er eine Zitze ergattert hat, und saugt sich dort fest. Inbrünstig trinkt er, um nach einigen Minuten »abgefüllt« und zufrieden, oft noch an der Zitze hängend, fest einzuschlafen.

2 Die vegetative Phase

Sie beginnt mit der Geburt des Welpen und besteht überwiegend aus Trinken, Schlafen, Verdauen und Wachsen. Und doch enthält dieser Lebensabschnitt schon ein paar wichtige Erlebnisse für den Welpen. Bereits das selbstständige Finden des Gesäuges nach der Geburt (und auch danach) ist ein wichtiger Prozess – der Hundezwerg kommt durch eigene Anstrengung zum Erfolg und erlebt ersten Stress. »Hilft« man hier einem gesunden Welpen, schadet ihm das eher. Robbt er versehentlich zu weit weg von seinen Geschwistern, wird es ihm kühl, und er findet mithilfe seines Wärmeempfindens und seines Geruchssinns wieder zu seinen Geschwistern zurück. Dort erlebt er durch den engen Körperkontakt Geborgenheit. Der Geruchssinn meldet dem Welpen auch, wenn die Mutter wieder in der Wurfkiste ist. Selbst wenn alle Welpen gerade schlafen – kommt die Mutter, werden sie schlagartig munter und suchen sofort »maunzend« die Milchbar. Frustration steht ebenfalls schon auf dem Stundenplan, etwa wenn Bruder oder Schwester den Welpen von der gerade gefundenen Zitze wegdrängt. All diese Erfahrungen stärken das Hundekind für sein späteres Leben. Die vegetative Phase endet Anfang bis Mitte der dritten Lebenswoche, wenn die Welpen beginnen, die Augen zu öffnen.

3 Die Sozialisierungsphase

Wenn der Welpe die Augen nach und nach öffnet – das dauert ein bis zwei Tage –, beginnt diese neue, wichtige Entwicklungsphase. Sie dauert bis etwa Ende der 16./18. Lebenswoche. Das Gehirn des Welpen ist in diesen Wochen ganz darauf ausgerichtet, neue Eindrücke und Erfahrungen zu verarbeiten und nachhaltig zu speichern. In der Natur dient diese Zeit dazu, dass der Welpe sich ein Bild von seinem Lebensraum macht. Er lernt, was Artgenossen sind und wie sie aussehen, riechen usw. Er lernt, welche Gefahren es gibt, was man fressen kann und was nicht und welche Regeln im Zusammenleben mit den Rudelgenossen gelten. Dies alles lernt er prägungsähnlich. Denn er muss es sein Leben lang wissen. Da dieses prägungsähnliche Lernen zeitlich begrenzt ist, lässt sich Versäumtes später nicht immer nachholen, und auch Negatives bleibt nachhaltig im Gehirn verankert. Diese Aspekte sind für die Erziehung und Ausbildung besonders wichtig und sehr nützlich, wie Sie noch sehen werden.

Die Umwelt entdecken

Sobald sich die Augen geöffnet haben, fängt der Welpe an, seine Umwelt bewusst wahrzunehmen. Auch die anderen Sinne nehmen nach und nach ihre Arbeit auf. Das Hundekind beginnt zu hören und kann mehr und mehr Gerüche wahrnehmen. Die körperliche Entwicklung geht Hand in Hand mit der des Gehirns. Je mobiler der Welpe wird, umso größer wird sein Interesse an der Umwelt. Seine Beinchen

tragen ihn allmählich immer besser, wenngleich seine ersten Gehversuche noch so aussehen, als hätte er zu tief ins Glas geschaut. War bisher die Wurfkiste ihre Welt, merkt die Welpenschar allmählich, dass es auch außerhalb noch etwas gibt. Langsam tasten sich die Hundekinder zum Ausgang

Auch Regeln und Grenzen sind schon im Welpenalter wichtig für das Zusammenleben und den Bindungsaufbau.

der Wurfkiste vor. Nicht jeder ist gleich mutig, aber irgendwann überwiegt die Neugierde, und der Mutigste traut sich in die »weite Welt« hinaus. Bald folgen die anderen. Nach kurzer Zeit herrscht ein reges Kommen und Gehen, und die ersten beginnen, die Wurfkiste gezielt zu verlassen, wenn sie mal »müssen«. Schnell erweitern sie nun ihren Radius und nehmen den gesamten Welpenauslauf in Beschlag. Ist dieser mit wechselnden Spiel- und Erkundungsmöglichkeiten, etwa einem Wackelbrett, einem Tunnel, Spielzeugen, die verschiedene Geräusche machen, ausgestattet, können die Welpen ihrem Erkundungsdrang frönen und dabei ihr Selbstvertrauen sowie Motorik und Koordination trainieren.

Innerartliches Sozialverhalten

Die Welpen beginnen jetzt auch, sich mit den Geschwistern zu beschäftigen, und spielen bereits miteinander, anfangs noch auf wackeligen Beinchen. Aber sie werden von Tag zu Tag sicherer, und bald sind wilde Balgereien im Gang. Dabei üben die Welpen ihr innerartliches Sozialverhalten. Ein Teil ist angeboren, manches muss aus Erfahrungen gelernt werden. Wenn in der dritten Woche die Milchzähne langsam durchbrechen, lernen die Kleinen zum Beispiel, »mit Gefühl« zu spielen. Denn zwickt man Bruder oder Schwester zu fest, wehren die sich oder beenden das Spiel.

Sozialpartner Mensch

Noch etwas ganz Wichtiges passiert jetzt: Ab der dritten Lebenswoche nehmen die Welpen bewusst den Menschen wahr und wedeln mit dem Schwänzchen, wenn man sie streichelt oder anspricht. Gehört der Mensch von nun an fest zum täglichen Leben des Welpen, wird der Zweibeiner zum wichtigen Sozialpartner. Deshalb wird ein guter Züchter dafür sorgen, dass seine Kleinen regelmäßig Kontakt zu Erwachsenen und Kindern haben. Allerdings immer unter Aufsicht, damit etwa Besucher richtig mit den Hundekindern umgehen. Welpen, die dagegen isoliert und ohne oder mit nur wenig Menschenkontakt aufwachsen oder gar schlechte Erfahrungen machen, haben hier oft Defizite.

Das Wesen

Jeder Welpe hat von Geburt an eine bestimmte Grundveranlagung. So gibt es etwa besonders mutige, die immer vorn dabei sind, wenn es etwas Neues zu entdecken gibt. Dann gibt es solche, die die mutigen Geschwister vorlassen, aber durchaus auch dabei sind. Andere wiederum beobachten ein wenig abseits von den anderen und warten erst einmal ab.

Und es gibt auch Welpen, die von klein auf eher vorsichtig sind und zum Beispiel bei lauten Geräuschen zunächst Schutz suchen. Es gibt »wildere« Welpen und sanfte, eigenständigere und solche, die schon von klein auf sehr führig sind. Neben dieser Grundveranlagung kommen noch die vielen Erfahrungen mit Menschen und der Umwelt dazu, die das Wesen des Welpen formen. Wobei Hunde, die von Natur aus ein stabiles Nervenkostüm und Gelassenheit zeigen, auch mit unangenehmen Erfahrungen und Stress besser zurechtkommen als sensible oder vorsichtige Vierbeiner.

4 Im neuen Zuhause

Wenn der Welpe mit acht bis zehn Wochen zu Ihnen kommt, ist er noch mitten in der Sozialisierungsphase. Nun liegt es an Ihnen, seine Entwicklung in die Hand zu nehmen und ihn weiter zu fördern.

Nachhaltiges Lernen nutzen

Dass der Welpe auch in den nächsten Wochen besonders nachhaltig lernt, bringt Ihnen sehr viele Vorteile. Sie können ihn jetzt gezielt mit solchen Erfahrungen und Eindrücken »füttern«, die ihn für ein Leben mit Ihnen fit machen. Das bedeutet allerdings auch entsprechend viel Engagement und Zeit Ihrerseits, was sich später aber vielfach auszahlt. Alles, was der Welpe in diesem Entwicklungsabschnitt kennenlernt, wird für ihn zu seiner Welt gehören, also normal sein. Überlegen Sie daher, was genau alles in Ihrem Alltag vorkommt. Dann können Sie den Welpen gezielt damit vertraut machen. Das kann alles Mögliche beinhalten. Wer in einer größeren Stadt lebt, fährt vielleicht oft U-Bahn oder Bus. Andere gehen häufig essen oder besuchen regelmäßig Bekannte. Es gibt Familien mit Kindern, die häufig auch fremde Kinder zu Besuch haben, oder es sind Enkel in der

Verwandtschaft. Der eine nimmt den Hund mit ins Büro oder arbeitet von zu Hause aus. All das lernt dann schon der Welpe in verträglichen Dosierungen kennen.

Soll der Hund später für einen besonderen Zweck ausgebildet werden, kann er ebenfalls schon jetzt damit in Kontakt kommen. Wer etwa später Obedience oder Agility machen möchte, kann bereits den Welpen mit auf den Hundeplatz nehmen und ihn mit dem Umfeld vertraut machen. Ein zukünftiger Jagdhund zum Beispiel lernt Wald und Feld kennen und wird mit Fell und Federn vertraut gemacht.

Kontakt zu verschiedenen Menschen

Für einen Vierbeiner, der seine Familie im Alltag begleitet, ist es unabdingbar, dass er sich Menschen gegenüber freundlich oder zumindest neutral verhält. Deshalb sollte schon der Welpe reichlich positiven Kontakt mit unterschiedlichen Menschen haben – mit Kindern (soweit möglich), Männern, Frauen, älteren Menschen und solchen mit Hut oder Gehstock usw. So werden die unterschiedlichen »Erscheinungsformen« des Menschen Teil seiner Welt. Ist der Welpe in seiner Veranlagung Menschen gegenüber eher unsicher oder gehört Misstrauen Fremden gegenüber zu seinen rassespezifischen Eigenschaften, lässt sich das zwar nicht einfach »wegsozialisieren«, aber eventuellen Überreaktionen können Sie durch die beschriebene Weise vorbeugen.

Artgenossen

Im Wurf lernte der Welpe, wie Artgenossen aussehen. Für ihn sehen Hunde zunächst also so aus wie seine Mutter und Geschwister. Mit ihnen begann er auch, das innerartliche Sozialverhalten einzuüben. Kommt der Welpe jetzt zu Ihnen, wird dieser Prozess unterbrochen. Daher braucht er auch in den nächsten Wochen ab und zu Kontakt zu anderen Hunden. Gut geeignet ist dafür der Besuch einer gemischten Welpengruppe. Hier lernt der Welpe Artgenossen mit ganz unterschiedlichem Aussehen und auch verschiedene Spielverhalten kennen.

Viele Welpen haben von Anfang an keine Probleme damit, andere wiederum sind anfangs sehr vorsichtig oder gar ängstlich. Besonders für solche Welpen sind gut dosierte Kontakte zu Altersgenossen unter kompetenter Aufsicht wichtig, damit sie im Umgang mit anderen Hunden Selbstvertrauen entwickeln und später nicht jede Begegnung mit Artgenossen in Stress ausartet.

Das Programm für die erste Woche

Der Welpe ist da, und eine spannende Zeit beginnt! Die erste Woche steht im Zeichen der Eingewöhnung, denn für den Welpen ändert sich durch den Umzug zu Ihnen sein Leben schlagartig, und eine Menge Neues stürmt auf den Kleinen ein. Aber auch Sie können sich in Ruhe an die neue Situation und an ihn gewöhnen. Dennoch stehen diese Woche bereits ein paar Dinge auf dem Programm.

Die ersten Tage

Zunächst geben Sie dem Welpen Zeit, sich in seinem neuen Zuhause umzusehen. In dieser Woche genügen Haus und Garten, Ausflüge oder Spaziergänge stehen noch nicht auf dem Programm. Sicher brennen Ihre Freunde und die Ihrer Kinder schon darauf, das neue Familienmitglied zu knuddeln. Vertrösten Sie sie auf später. In der ersten Woche in seinem neuen Heim lernt der Welpe zunächst in Ruhe seine neuen Bezugspersonen kennen. Er soll ja schließlich wissen, zu wem er gehört.

An den Namen gewöhnen

Sicher haben Sie schon einen Namen für den Kleinen ausgesucht. Damit ihn der Welpe bald kennt, nennen Sie seinen Namen immer dann, wenn Sie sich auf positive Art mit ihm beschäftigen. Legen Sie sich zu ihm auf den Boden, wenn er müde ist, und kuscheln Sie mit ihm. Während Sie ihn streicheln und der Welpe das genießt, nennen Sie einige Male seinen Namen. Ist er aktiv und interessiert, nehmen Sie ein Spielzeug und animieren ihn zum Mitspielen. Beginnt er mitzumachen, sagen Sie wiederum seinen Namen.

Nennen Sie in diesen Tagen auch dann seinen Namen, wenn Sie ihm ein Häppchen geben. So wird er bald aufmerksam zu Ihnen schauen, wenn er seinen Namen hört. Probieren Sie das nach ein paar Tagen aus.

Gezielt ansprechen

Der Namen wird für Ihr Hundekind nur dann eine Bedeutung haben, wenn es damit etwas Positives verknüpft. Sprechen Sie den Kleinen deshalb nur gezielt an. Erklären Sie das auch Ihren Kindern. Denn wenn der Welpe dauernd seinen Namen hört, ohne etwas damit zu verbinden, wird er darauf gar nicht oder bald nicht mehr reagieren. Der Name wird für ihn bedeutungslos. Das gilt übrigens nicht nur für diese Woche, sondern für das gesamte Hundeleben.

Wichtig: Nennen Sie den Namen Ihres kleinen Vierbeiners nie in einem negativen Kontext. Verkneifen Sie sich den ärgerlich gesprochenen Namen also, wenn der Welpe zum Beispiel gerade die Teppichfransen bearbeitet, den Mülleimer ausräumt oder anderweitig »kreativ« ist. Und auch dann, wenn er vielleicht gerade eben ein Pfützchen ins Wohnzimmer macht. Denn Sie möchten sicher nicht, dass Ihr Welpe Ihnen womöglich ausweicht, wenn Sie ihn beim Namen rufen.

Stubenrein werden

Das ist eine weitere wichtige Lektion, der wir uns gleich ab dem ersten Tag widmen. Schon in der Zeit bei seiner Hundefamilie entfernte sich der Welpe nach und nach immer deutlicher von seinem Schlafplatz, wenn er »musste«. Das ist ein ganz natürliches Verhalten. Nun müssen Sie ihm nur noch zeigen, wo er sich lösen soll, und dafür sorgen, dass er das so wenig wie möglich in der Wohnung tut.

Tagsüber

Welpen »müssen« relativ oft und dann schnell. Behalten Sie ihn daher immer gut im Auge. Das klappt am besten, wenn Sie immer mit ihm in einem Raum sind. Sobald er unruhig wird, zur Tür geht, am Boden schnüffelt, jammert, sich im Kreis dreht oder beginnt, in die Hocke zu gehen, bringen Sie Ihren Welpen hinaus – und zwar schnell. Animieren Sie ihn nicht erst, mit Ihnen nach draußen zu kommen, sondern nehmen Sie ihn hoch und tragen Sie ihn zügig zu seinem Löseplatz im Garten. Nun wird es noch ein paar Momente dauern, bis er sich löst. Sobald er mit seinem »Geschäft« beginnt, sagen Sie jedes Mal zum Beispiel »Beeil dich«. Bringen Sie ihn auch ohne Anzeichen immer wieder mal hinaus – nach jedem Aufwachen, während des Spielens, vor oder nach dem Füttern und einfach mal so zwischendurch, wenn er länger nicht draußen war. Hat der Welpe eine Zeit lang bei jedem Lösen »Beeil dich« gehört, werden Sie ihn damit auch in solchen Situationen animieren können, wenn Blase und Darm ein wenig gefüllt sind.

Nachts

Bevor Sie zu Bett gehen, bringen Sie den kleinen Vierbeiner noch mal hinaus. Und zwar so spät wie möglich und auch dann, wenn er schon müde ist. Bekommt der Welpe auch

Stundenplan

Themen rund um die erste Woche

An den Namen gewöhnen
Stubenrein werden
An die Hundebox gewöhnen
Bindung aufbauen

Übungen	Wie oft?
Kommen auf Ruf/Pfiff	bei jeder Mahlzeit
Erstes »Sitz«	5–10-mal täglich
»Schau«	5–10-mal täglich

nachts keine Gelegenheit, sich im Haus zu lösen, wird für ihn am schnellsten klar, wie er sich richtig verhalten soll. Ein Hund beschmutzt seinen Schlafplatz normalerweise nicht. Wenn Sie nun verhindern, dass der Kleine sich nachts von seinem Bettchen entfernen kann, wird er winseln oder unruhig werden, sobald er »muss«. Dann können Sie ihn hinausbringen. Damit er nicht von seinem Bettchen weg kann, schläft er in einer Hundebox oder einer entsprechend großen Kiste. Ganz wichtig ist dann natürlich, dass der Welpe neben Ihrem Bett schläft, damit Sie ihn hören, wenn er sich meldet. Wie oft oder ob er überhaupt nachts hinausmuss, lässt sich nicht vorhersagen. Manche Welpen machen sich nachts auch deshalb bemerkbar, weil sie Abwechslung suchen. Gestalten Sie nächtliche Lösetouren recht »nüchtern«. Es wird ein kurzer Ausflug nach draußen, ohne groß auf den Welpen einzugehen, ohne ein Spiel und gegebenenfalls an der Leine, falls der Kleine zu nächtlichen Erkundungstouren durch den Garten neigt. Danach geht es wieder ab ins Bett, und es ist Ruhe. Haben Sie das Gefühl, dass der Welpe nur etwas »Action« möchte, ignorieren Sie ihn.

Die Hundebox

Vielleicht denken Sie jetzt: »Der arme Hund, soll ich den jetzt in eine Box sperren?« Aber nein, keine Sorge, so ist es nicht. Hunde lieben Höhlen, und daher schätzen die meisten Vierbeiner ihre Box bald.

Eine Hundebox hat viele Vorteile. Neben der Erziehung zur nächtlichen Stubenreinheit können Sie Ihrem Welpen damit eine Rückzugsmöglichkeit schaffen, wenn etwa Kinder zu Besuch sind und ihn ständig »bespielen« möchten. Die Box ist geschlossen und der Hund damit sicher vor zu viel Trubel. Auch wenn Sie ihn kurzzeitig mal nicht im Auge haben können, weil Sie vielleicht ein längeres Telefonat führen, ist der Welpe in der Box gut aufgehoben. Er kann nichts anstellen, und ihm selbst kann in der Hundebox nichts passieren. Und wenn der Welpe mal überdreht sein sollte, hilft ihm eine Auszeit in der Box, um wieder »herunterzufahren«.

An die Box gewöhnen

Gestalten Sie die Box gemütlich für Ihren Welpen. Legen Sie das Hundebett, ein paar Leckerchen oder ein Spielzeug in die Box. Stellen Sie sie in eine ruhige Ecke, aber so, dass der Welpe trotzdem Anteil am Geschehen nehmen kann. Ist der Kleine müde und schon am Einschlafen, bringen Sie ihn in die Box. Schläft er gleich ein oder macht keine Anstalten, herauszuwollen, schließen Sie die Tür. Ansonsten lassen Sie sie offen, sodass er zunächst selbst hinaus und hinein kann. Sobald er von sich aus in der Box bleibt, schließen Sie die Tür. Anfangs nur für kurze Zeit.

Öffnen Sie die Tür jedoch am besten schon, bevor er protestiert. Bei Protest sollten Sie die Tür allerdings so lange zu lassen, bis er einige Momente ruhig ist. Sie wissen ja, der Hund lernt am Erfolg, und Sie wollen ja nicht seinen Protest belohnen, sondern sein Wohlverhalten. Bald hat der Welpe seine Box akzeptiert und geht von selbst hinein, wenn er schlafen möchte. Nachts stellen Sie die Box in Ihr Schlafzimmer und schließen die Tür, sobald Sie zu Bett gehen. Jetzt ist Ruhe angesagt. Das muss der Kleine lernen.

»Muss« das Hundekind, heißt es rasch reagieren. Klemmen Sie es unter den Arm und tragen Sie es zum Löseplatz.

Die Bindung zum Menschen

Der Welpe zeigt jetzt eine große Bindungsbereitschaft. Er ist ja auf Fürsorge angewiesen und könnte nicht allein überleben. Aus diesem Grund ist auch sein Nachfolgeinstinkt stark ausgeprägt, was wir uns ab nächster Woche zunutze machen werden. In dieser Woche gewöhnt er sich an Sie, und die Bindung entsteht allmählich. Damit diese sich ungestört entwickeln kann, geben Sie den Welpen in diesen Tagen und auch in den nächsten Wochen nicht regelmäßig und nicht länger als ein paar Stunden außerhalb der Familie in Pflege. Auch wenn Ihre Familie aus mehreren Mitgliedern besteht, wird eines die Hauptbezugsperson sein. Sie übernimmt die Fütterung und die Erziehung. Körperkontakt und Spielen sind weitere bindungsfördernde Faktoren. Deshalb stehen auch gemeinsames Kuscheln und Spielen regelmäßig auf dem Programm. Probieren Sie aus, was Ihr Welpe gern spielt, mit und auch ohne Spielzeug.

Ein paar Spielregeln

Spielen ist selbstbelohnend (macht also schon von Natur aus Spaß), bedeutet aber ebenso Lernen und hat Regeln. Auch dadurch wirkt es bindungsfördernd. Der Welpe muss die Beißhemmung gegenüber dem Menschen lernen. Wir haben kein Fell, das die Wirkung der spitzen Welpenzähne abmildert. Deshalb muss der Kleine lernen, nicht über die Stränge zu schlagen. Um das zu erreichen, spielen Sie am besten von Anfang an mit Gefühl, sodass der Welpe gar nicht erst zu sehr »hochfährt«.

Sollte der kleine Vierbeiner trotzdem zu heftig spielen, brechen Sie in dieser Woche das Spiel jedes Mal abrupt und kommentarlos ab. Also Spielzeug wegpacken, sich umdrehen und weggehen. Eventuell merken Sie im Verlauf der Woche schon, dass der Welpe sanfter wird.

Körperkontakt durch Kuscheln und Streicheln gibt dem Welpen Geborgenheit und festigt die Bindung.

Spielen mit seinem Menschen heißt für den Welpen Vergnügen, aber vor allem auch Lernen von Spielregeln.

Übung 1 | Ein erwartungsvoller Blick zum Menschen.

Übung 2 | Mit dem Pfiff darf er losstarten ...

Das Kommen auf Ruf/Pfiff

Nun hat sich der Welpe schon ein wenig eingewöhnt, und es ist Zeit für ein erstes Training. Ist die Mahlzeit für Ihr Hundekind ein Highlight? Oder haben Sie schon eine für ihn besonders reizvolle Art von Belohnungshäppchen entdeckt, zum Beispiel gekochtes Hühnerfleisch, falls er sein Futter noch nicht mit Begeisterung frisst? Sobald es diese Woche so weit ist, steht die erste und eine der wichtigsten Gehorsamsübungen auf dem Programm – das Kommen. Ihr Vierbeiner muss lernen, auf Ruf stets unverzüglich und schnell zu Ihnen zu kommen. Doch das klappt nur, wenn Sie die Übung von Anfang an durchdacht haben und systematisch aufbauen.

Das Hörzeichen: Zunächst überlegen Sie sich, welches Hörzeichen Sie verwenden wollen. Denken Sie daran – es muss immer das gleiche, eindeutige Hörzeichen sein. Bewährt hat sich »Hier«. Man kann es lang ziehen, und es kommt im alltäglichen Sprachgebrauch selten vor. Ganz anders ist es meist mit »Komm«. Achten Sie einmal bewusst darauf, in wie vielen

Zusammenhängen Sie »Komm«, auch im Umgang mit dem Hund, sagen. Alternativ oder zusätzlich können Sie eine Hundepfeife verwenden. Auch auf sie muss der Vierbeiner erst konditioniert werden, bevor er weiß, was der Pfiff bedeutet. Überlegen Sie sich, welchen Pfiff Sie verwenden möchten – am besten zwei kurze nacheinander.

So klappt es: Als Nächstes ist es wichtig, eine Situation zu schaffen, in der der Hund ganz bewusst und nur das wahrnimmt, was Sie ihm beibringen möchten.

Beginnen Sie am besten morgens mit der ersten Mahlzeit. Der Welpe soll durch nichts abgelenkt werden. Sie als Hauptbezugsperson bereiten die Mahlzeit am gewohnten Ort, also zum Beispiel in der Küche, zu. Währenddessen hält ein Familienmitglied den Welpen am Halsband oder an der Brust fest, etwa drei Meter entfernt und ohne ein Signal »Sitz« oder Ähnliches. Das Hundekind drängt nun eigentlich schon zu Ihnen und hat Sie fest im Blick, kann aber noch nicht weg. Ist die Mahlzeit fertig oder haben Sie eine Portion besonderer Häppchen in der Hand, gehen Sie in die Hocke. Den Napf behalten Sie in der

Übung **3** ... und läuft direkt zu seinem Menschen.

Übung **4** Ganz nah bei ihm gibt es die Belohnung.

Hand. Nun rufen Sie »Hieeer« oder pfeifen mit der Hundepfeife, der Welpe wird losgelassen und kann endlich zu Ihnen! Ist er bei Ihnen angekommen, geben Sie ihm ein paar Futterbröckchen aus der Hand. Stellen Sie dann den Napf dicht vor sich auf den Boden, und bleiben Sie dabei, während der Welpe frisst. Alternativ geben Sie ihm die besonderen Häppchen direkt aus der Hand. Dazu loben Sie ihn mit der Stimme. Machen Sie das nun bei jeder Mahlzeit so. Dadurch verknüpft der Welpe nach und nach »Hier« und Pfiff mit dem Kommen, und es ist für ihn jedes Mal ein tolles Erlebnis. Falls Sie niemanden haben, der Ihren Welpen festhalten kann, sagen Sie »Hier« oder pfeifen Sie, sobald Sie mit dem Napf oder den besonderen Häppchen in der Hand in die Hocke gehen.

Sofort belohnen: Ist der Welpe bei Ihnen angekommen, erhält er seine Belohnung ohne Verzögerung. Sie müssen sie also bereits in der Hand halten, wenn Sie rufen. Lassen Sie den Welpen nicht zuerst sitzen, wenn er bei Ihnen angekommen ist! Dann bekäme er sein Futter nicht mehr für das Kommen, sondern für das Sitzen. Jetzt aber ist das Kommen das Wichtigste.

Bitte beachten: Sie wissen aus dem ersten Kapitel, dass viele fehlerfreie Wiederholungen nötig sind, bis der Hund etwas wirklich beherrscht. Das gilt ganz besonders auch für das Kommen. Wenn Sie mit dem Welpen zum Beispiel im Garten sind und möchten, dass er zu Ihnen kommt, rufen Sie ihn auf keinen Fall mit »Hier« oder Pfiff. Jetzt locken Sie ihn lediglich mit spannender Stimme, etwa »Schau mal, was ist denn da«, und bewegen sich von ihm weg. Denn rufen Sie jetzt »Hier«, und der Welpe kommt nicht, schnüffelt weiter oder spielt, nimmt er zwar das »Hier« oder den Pfiff vielleicht wahr, kann ihm aber noch keine Bedeutung zuordnen. Wenn das noch dazu mehrmals vorkommt, lernt der Welpe nachhaltig, dass ein »Hier« offenbar manchmal eine Belohnung zur Folge hat, aber eigentlich nichts Konkretes bedeutet. Sie können sich sicher vorstellen, dass dann auch später das Kommen nicht zuverlässig funktionieren kann, denn der Hund hat es nicht wirklich richtig lernen können. Später ist dann einiges an Aufwand nötig, um das falsch Gelernte wieder abzulegen und das Richtige neu aufzubauen. Also lieber jetzt sorgfältig üben!

Übung **1** Blick zum Leckerchen.

Übung **2** Sprung: Die Hand bleibt zu.

Übung **3** Sitzen: Belohnung folgt.

Die Übung »Sitz«

Sie werden staunen, wie schnell Ihr Hundekind das »Sitz« beherrscht, wenn Sie folgendermaßen vorgehen:

So klappt es: Üben Sie zunächst in der Wohnung und ohne Ablenkung. Ihr Welpe kann dabei locker angeleint sein. Nehmen Sie ein Leckerchen und zeigen Sie es ihm. Nun halten Sie es über seinen Kopf. Es ist wichtig, dass er den Leckerbissen besonders gern haben möchte, denn nur dann wird er ausprobieren, wie er an den Happen kommt. Wenn er danach springt, schließen Sie die Hand, lassen Sie sie aber an Ort und Stelle. Bewegen Sie sie nämlich auf und ab oder hin und her, wird der Hund leicht hektisch. Beobachten Sie ihn jetzt gut, irgendwann wird er sich setzen, weil er so bequemer nach oben schauen kann. Genau jetzt sagen Sie gut betont »Sitz« und geben ihm das Leckerchen. Hat der Welpe es gefressen, wird er wahrscheinlich aufstehen, das ist jetzt noch in Ordnung. Wiederholen Sie die Übung noch ein- bis zweimal direkt hintereinander.

Richtig belohnen: Achten Sie darauf, dass der Welpe sein Häppchen bekommt, während er noch sitzt und alle vier Beine auf dem Boden sind. Er soll nicht schon aufgestanden sein oder an Ihnen hochspringen.

Wichtig: Sagen Sie das Wort »Sitz« nicht bereits dann, während der Welpe versucht, durch Springen oder was auch immer an den Happen zu kommen. Er weiß nämlich noch nicht, was »Sitz« bedeutet, sondern muss dieses Hörzeichen erst durch systematisches Üben mit dem entsprechenden Verhalten verknüpfen (→ Seite 9). Wenn Sie jedoch immer wieder »Sitz« sagen, während der Welpe zum Beispiel an Ihnen hochspringt, verknüpft er womöglich »Sitz« mit Hochspringen.

Die Übung »Schau«

Oft ist es gut, wenn Sie die Aufmerksamkeit Ihres Vierbeiners auf sich lenken können. Denn nur, wenn er sich auf Sie konzentriert, ist es möglich, direkt mit ihm zu kommunizieren. Viele Hundebesitzer wählen den Hundenamen als Hörzeichen. Das funktioniert aber nur, wenn der Name immer bewusst eingesetzt wird. Meist ist es aber so, dass Familie, Freunde, Bekannte den Hund damit ansprechen – in aller Regel ohne dass etwas Bestimmtes damit verbunden ist. Deshalb ist ein anderes Hörzeichen besser, zum Beispiel »Schau«.

So klappt es: Üben Sie ohne Ablenkung und in der Wohnung. Auch hier können Sie den Welpen anleinen, aber die Leine muss locker durchhängen. Sie haben unauffällig ein Häppchen in der Hand. Nun machen Sie ein interessantes Geräusch,

schnalzen Sie etwa mit der Zunge. Ihr Welpe wird Sie erstaunt ansehen. Es gibt also einen kurzen Moment der Spannung. Genau jetzt bekommt er sein Häppchen. Das machen Sie zwei-, dreimal pro Übungseinheit. Klappt es mit der spannenden Stimme nicht, dann zeigen Sie dem Welpen ein Leckerchen und halten es ungefähr in Höhe Ihres Kinns. So blickt der Hund in Ihr Gesicht, wenn er auf das Leckerchen schaut. Warten Sie auch hier einen Moment ab, in dem der Hund in der Bewegung verharrt und zu Ihnen schaut. Dann kommt das Hörzeichen. Während Ihr Welpe Sie ansieht, sagen Sie »Schau«.

Bitte beachten: Ob das Hundekind beim Üben sitzt, steht oder liegt, ist egal. Geben Sie die Belohnung, während der Welpe Blickkontakt hält. Nicht erst, wenn er wieder wegschaut. Deshalb das Häppchen schon in der Hand halten, wenn Sie ihn aufmerksam machen, und es ihm von oben herab geben.

Übung **1** Der Welpe betrachtet die Umgebung.

Übung **2** Zungenschnalzen: Er schaut auf Sie.

29

Das Programm für die zweite Woche

Ihr Hundekind ist jetzt schon eine Woche bei Ihnen, und bestimmt haben haben Sie sich inzwischen bereits an den Kleinen gewöhnt sowie er sich an Sie und sein neues Zuhause. Daher stehen diese Woche erste Unternehmungen außerhalb des Zuhauses an. Festigen Sie die Übungen der letzten Woche weiter. Manche werden etwas ausgebaut. Auch ein paar neue Dinge kommen dazu, wie Sie auf dem Stundenplan schon sehen können.

Stubenrein auf Hörzeichen

Erkennen Sie jetzt bereits, wann Ihr Welpe »muss«? Vielleicht sitzt er an der Tür, wenn es so weit ist, oder er winselt. Dennoch kann hin und wieder ein Malheur im Haus passieren. In diesem Fall beseitigen Sie die Hinterlassenschaft des Kleinen kommentarlos und desinfizieren die Stelle gründlich. Schimpfen Sie den Welpen nie dafür!

Wenn Sie bisher immer das Hörzeichen genannt haben, während er ein Pfützchen oder Häufchen macht, dann versuchen Sie doch jetzt, ob es schon wirkt. Bringen Sie ihn zu einer »verdächtigen« Zeit in den Garten zu seinem Löseplatz und sagen Sie ein paar Mal zum Beispiel »Beeil dich« oder welchen Ausdruck Sie dafür verwenden möchten. Verrichtet er dann sein Geschäft, hat das Hörzeichen wahrscheinlich schon ein wenig gewirkt.

Der Welpe und Kinder

Besonders mit kleineren Kindern kann es anfangs für Sie stressig werden, bis sie verstanden haben, dass der Welpe auch seine Ruhe braucht und kein Spielzeug ist. Lassen Sie Kinder nicht allein mit dem Welpen spielen. Kinder und Welpen pushen sich oft gegenseitig, die Kinder bekommen Angst, laufen weg oder schreien. Das wiederum ist für den Welpen besonders lustig, und er wird noch wilder. Sorgen Sie auch dafür, dass die Kinder ihn in Ruhe lassen, wenn er schläft und auch wenn er frisst. Lassen Sie sie grundsätzlich nicht mit dem Welpen alleine.

Besuch angesagt

Nun wird es Zeit, dass auch Verwandte und Freunde Ihren Familien-Neuzugang kennenlernen! Falls Sie Kinder haben, werden auch deren Freunde darauf brennen, endlich den Welpen zu knuddeln.

Nicht zu viele Personen einladen

Passen Sie auf, dass sich nicht zu viele Personen auf einmal auf den Welpen »stürzen«. Lassen Sie alles schön langsam und ruhig angehen. Ist Ihr Hundekind eher etwas zurückhaltend, darf ihm kein Kontakt aufgezwungen werden. Dann sollte er in Ruhe gelassen werden. Vielleicht siegt bald seine Neugierde, und er kommt von selbst. Bleiben Sie immer dabei, wenn sich Besucher mit dem Welpen beschäftigen. Nicht jeder kann richtig mit dem Tier umgehen. Vor allem bei Besuchskindern sollen Sie stets ein Auge darauf haben, wie die Kinder sich dem Welpen gegenüber verhalten. Bringen Sie den Kleinen in einen ruhigeren Raum, wenn die Kinder zu wild werden, denn rasch überdreht auch das Hundekind. Selbst dann, wenn Sie nur ansatzweise das Gefühl haben, dass es dem Welpen zu viel wird. Jetzt macht sich eine Hundebox bezahlt, denn dort ist der Kleine gut aufgehoben und hat seine Ruhe (→ Foto, Seite 32).

Erster Tierarztbesuch

Am besten hören Sie sich bereits nach einem guten Tierarzt in Ihrer Nähe um, bevor der Welpe ins Haus kommt – günstig, wenn der Praxis eine Kleintierklinik angeschlossen ist. Der Tierarzt sollte auch im Notfall nachts oder am Wochenende erreichbar sein. Gegen Ende der ersten oder zweiten Woche ist es Zeit für den Kennenlernbesuch beim Tierarzt. Der Welpe ist jetzt schon recht heimisch bei Ihnen und bereit für erste neue Eindrücke. Am besten melden Sie sich vorher in der Praxis an. Packen Sie ein paar Lieblingshäppchen Ihres Welpen ein, und los geht's. Der Welpe darf Kontakt zum Praxisteam aufnehmen, und er darf auf den Behandlungstisch. Aber nur, um dort vom Tierarzt ein paar leckere Happen zu bekommen und gestreichelt zu werden.

Der erste Ausflug

Diese Woche geht es zum ersten Mal in die »weite Welt« hinaus. Packen Sie ein beliebtes Spielzeug und ein paar Leckerchen ein und tragen oder fahren Sie den Welpen in ein etwas belebtes Umfeld. Dazu eignet sich zum Beispiel eine Bäckerei oder ein kleinerer Supermarkt in einem ruhigen Ortsteil und nicht in direkter Nähe einer stark befahrenen Straße. Die Geräuschkulisse wäre noch zu laut für den Welpen. Stellen Sie sich mit dem angeleinten Welpen einfach eine Zeit lang in die Nähe des Eingangsbereichs. Sie können

Stundenplan

Themen rund um die zweite Woche

Stubenrein auf Hörzeichen
Fremde Menschen kennenlernen
Erster Tierarztbesuch
Erster Ausflug in eine leicht belebte Gegend
Eine Übung auflösen

Übungen	Wie oft?
»Sitz« mit Hörzeichen	5–10-mal täglich
»Schau« länger ausdehnen	5–10-mal täglich
Körperpflege üben	mehrmals pro Woche
An- und Ableinen	immer, wenn nötig
Zerren vermeiden	täglich
Bindungsspaziergang	1-mal täglich
Kommen auf Ruf festigen	mehrmals täglich
Erstes »Platz«	5–10-mal täglich

dabei auch neben dem Kleinen in die Hocke gehen. Er nimmt dort die vorbeigehenden Menschen wahr, der eine oder andere spricht ihn vielleicht sogar an und streichelt ihn. Außerdem hört er rundherum verschiedene Geräusche, die er bisher noch nicht kennengelernt hat.

Den Welpen beobachten

Wie verhält sich der Welpe in der neuen Situation? Ist er fröhlich und neugierig? Dann ist alles okay. Ist er jedoch etwas schüchtern und beeindruckt, dann vergrößern Sie den Abstand zum Eingangsbereich des Geschäfts so weit, bis der Welpe wieder entspannt ist. Holen Sie sein Spielzeug heraus und spielen Sie ein wenig mit ihm, oder rollen Sie zur Auflockerung das eine oder andere Leckerchen über den Boden, wenn er sich entspannt hat.

Aber auch wenn er von Anfang an entspannt ist, können Sie dort ein wenig mit ihm spielen. Zehn Minuten oder eine Viertelstunde sind für den Ausflug genug. Dann geht es wieder nach Hause. Machen Sie in dieser Woche zwei bis drei solche Ausflüge.

Eine Übung auflösen

Ihr Vierbeiner muss lernen, dass nicht er, sondern Sie jede Übung beenden. Folgt eine andere Übung, dann löst diese automatisch die vorangegangene ab. Kommt also nach dem »Sitz« ein »Platz«, beendet das »Platz« die Sitzübung. Folgt jedoch keine andere Übung, brauchen Sie ein extra Signal.

Das Hörzeichen: Es eignen sich verschiedene Hörzeichen, um eine Übung aufzulösen, wie zum Beispiel »Lauf« oder »Frei«. Das bedeutet aber nicht, dass Ihr Vierbeiner nun herumlaufen oder abgeleint werden muss. Es heißt lediglich, die Übung ist beendet. Ob er danach nun herumsteht, sich hinlegt, schnüffelt oder aber herumläuft, ist egal.

So klappt es: Nehmen wir als Beispiel das Sitzen. Der Welpe sitzt und hat dann am Ende der Übung seine Belohnung bekommen. Fast gleichzeitig sagen Sie nun Ihr Auflösungssignal und unterstreichen es durch eine entsprechend auffordernde Körpersprache.

Bitte beachten! Vergessen Sie das Auflösungszeichen nicht! Wie soll ein Hund sonst wissen, wie lange er eine Übung ausführen muss? Er wird schließlich die Übung irgendwann selbst beenden. Irrtümlicherweise nimmt man dann meist an, der Vierbeiner sei ungehorsam. Doch damit tut man ihm unrecht. Der Fehler lag nicht bei ihm, sondern bei uns.

»Sitz« mit Hörzeichen

Sie haben nun einige Tage das Sitzen geübt und jedes Mal ruhig und gut betont »Sitz« gesagt, während der Welpe sich hinsetzte. Das Hundekind hat inzwischen Ihr Hörzeichen mit seinem Tun verknüpft. Doch jetzt soll sich der Kleine setzen, wenn Sie es von ihm verlangen.

So klappt es: Deshalb sagen Sie ab jetzt in dem Moment »Sitz«, in welchem Sie das Leckerchen über den Kopf halten

Eine Hundebox bietet dem Welpen eine Rückzugsmöglichkeit, hilft ihm, Ruhe zu finden und schützt vor zu viel Trubel.

und schon bevor sich der Welpe setzt. Wenn das im Lauf der Woche einige Male gut funktioniert und er sich setzt, bekommt er das Häppchen nun nicht mehr gleich, sondern erst, wenn er ein paar Sekunden sitzen geblieben ist. Denn er lernt nun nach und nach, länger sitzen zu bleiben. Kurz bevor er dann aus dem Sitzen aufsteht, sagen Sie von nun an jedes Mal das Auflösungshörzeichen, das Sie gewählt haben, um die Übung zu beenden.

»Schau« mit längerem Blickkontakt

Auch diese Übung können Sie nun ausbauen. Üben Sie zunächst ohne Ablenkung, dann zum Beispiel, wenn noch ein Familienmitglied im Raum ist.

So klappt es: Blickt Ihr Welpe schon zuverlässig zu Ihnen, wenn Sie »Schau« sagen? Sobald das über einige Tage gut funktioniert, bauen Sie die Übung aus. Der Welpe schaut zu Ihnen, und Sie warten nun ein paar Sekunden, bis er seinen leckeren Happen bekommt.

Bitte beachten: Jetzt kommt es darauf an, die Zeitspanne nicht zu schnell zu lange auszudehnen. Der Welpe bekommt sein Leckerchen idealerweise für ununterbrochenen Blickkontakt. Ruhigere Welpen und solche, die sehr auf ihren Menschen fixiert sind, tun sich bei dieser Übung leichter als etwas nervösere oder sehr eigenständige Vierbeiner.

Körperpflege üben

Ihr Vierbeiner muss sich von Ihnen jederzeit und überall anfassen lassen. Deshalb wird bereits der Welpe daran gewöhnt, dass Sie ihn »untersuchen«. Das ist auch für einen Tierarztbesuch sehr nützlich.

Stellen Sie sich vor, Ihr Hund hat zum Beispiel Ohrenschmerzen und ist nicht daran gewöhnt, dass seine Ohren kontrolliert werden. Wenn jetzt auch noch der Tierarzt in

Beschäftigen sich Kinder mit dem Welpen, sollten Sie stets dabeibleiben, damit weder Kinder noch Hund überfordert werden.

Der erste Ausflug führt an einen nur wenig belebten Ort. So gewöhnt sich der Welpe allmählich an seine neue Umwelt.

die Ohren schaut, bedeutet das zusätzlichen Stress – für den Hund und für den Tierarzt.

So klappt es: Beginnen Sie mit der »Untersuchung« am besten, wenn der Welpe ein wenig müde ist. Dann fällt es ihm nicht so schwer, stillzuhalten. Nach dem Spielen oder einem Bindungsspaziergang etwa bietet sich gemeinsames Kontaktliegen auf dem Teppich an. Da lässt sich dann gut gleich die eine oder andere Körperpflegeübung einbauen.

▶ Fassen Sie zum Beispiel die Ohrmuschel an und untersuchen Sie den äußeren Gehörgang.

▶ Kontrollieren Sie das Gebiss. Ziehen Sie dazu die Lefzen des Welpen ein wenig nach oben und unten, sodass die Zähne gut sichtbar sind. Öffnen Sie das Mäulchen aber auch, indem Sie mit einer Hand von oben über den Fang greifen, mit der anderen von unten.

▶ Auch die Pfoten kommen dran, denn Ihr Hund kann sich einen Splitter eintreten, der entfernt werden muss.

INFO

Wie viel Bewegung braucht der Welpe?

Ihr Welpe ist noch ein Baby und braucht keine Spaziergänge wegen genügend Bewegung. Der einseitige Bewegungsablauf ist im Welpenalter schädlich für Bänder und Gelenke. Lediglich die wenigen Minuten Bindungsspaziergang sind wichtig und völlig ausreichend. Dagegen stärkt Spielen mit Ihnen und ab und zu mit Altersgenossen den Organismus und die Muskulatur.

▶ Untersuchen Sie die Ballen sowie die Zwischenräume der Zehen. Dazu können Sie den Kleinen hin und wieder sanft auf den Rücken rollen. So lassen sich Pfoten gut untersuchen, und Sie können auch gleich den Welpenbauch kraulen.

▶ Jetzt fehlt noch die Kontrolle der Augen. Ziehen Sie dazu die Augenlider des Welpen ein wenig nach unten, sodass Sie die Bindehaut sehen können und Augentropfen hineinträufeln könnten, wenn das nötig wäre.

▶ Der Vierbeiner wird sich wahrscheinlich auch die eine oder andere Zecke einfangen oder sich vielleicht einmal an der Haut verletzen. Gewöhnen Sie ihn daher daran, dass Sie seine Haut und das Fell kontrollieren. »Nesteln« Sie deshalb öfter mal in seinem Fell herum. Das wird dann mit der Zeit selbstverständlich für ihn.

Das Hörzeichen für die Körperpflege

Nennen Sie einfach den Körperteil, der gerade zur Pflege ansteht, zum Beispiel »Ohren«, »Augen«, »Pfoten« usw.

Bitte beachten: Ihre Stimme und Ihre Körpersprache drücken Ruhe aus, denn Sie wollen, dass der Hund während der Pflegehandgriffe unbeeindruckt und ruhig bleibt. Möchte er sich Ihnen entziehen, machen Sie einfach ganz gelassen und beständig weiter.

Beenden Sie die Übung erst, wenn der Vierbeiner sich einige Momente lang beruhigt hat. Sie wissen ja, der Hund lernt am Erfolg. Schimpfen Sie ihn nicht während des Pflegerituals und vermeiden Sie auch sonst jede Hektik. Denn das würde den Welpen regelrecht »hochpushen«. Jetzt soll er sich jedoch beruhigen.

Sie müssen nicht immer das gesamte Pflegeprogramm abspulen. Es reichen auch mal nur die Ohren oder zum Beispiel nur die Augen und Pfoten usw. Richten Sie sich ein wenig nach der Tagesform Ihres Hundekindes.

An- und Ableinen

Nun ist es an der Zeit, etwas Ordnung in das An- und Ableinen Ihres Hundekindes zu bringen.

So klappt es: Sobald Ihr Welpe sich auf Ihr Hörzeichen »Sitz« hinsetzt, lassen Sie ihn zum Anleinen jedes Mal das Kommando ausführen. Ebenso beim Ableinen, hier kommt aber noch etwas Wichtiges ins Spiel – das »Schau«, und zwar sobald Sie die Übung wie auf Seite 29 beschrieben ausgebaut haben. Sie lassen den Welpen also sitzen und leinen ihn ab. Damit er keinen Fehlstart hinlegt, halten Sie ihn dabei noch leicht am Halsband fest. Nun kommt Ihr Hörzeichen »Schau«. In dem Moment, in welchem der Welpe Blickkontakt zu Ihnen aufnimmt und ihn kurz hält, lassen Sie ihn mit dem Auflösungshörzeichen loslaufen. Diesmal gibt es also kein Belohnungshäppchen, sondern die Belohnung ist hier die Erlaubnis zum Loslaufen, denn das möchte Ihr Welpe jetzt vor allem gern tun.

Bitte beachten: Achten Sie genau darauf, dass Ihr Auflösungshörzeichen kommt, noch während Blickkontakt zwischen Ihnen und Ihrem Welpen besteht, nicht erst wenn der Kleine schon wieder wegschaut! Das braucht etwas Übung. Sie wissen ja bereits, dass der Hund am Erfolg lernt. Hängt er etwa zerrend an der Leine, weil er einen Spielgefährten sieht, und Sie leinen ihn dann ab, wird er sich immer öfter so verhalten. Lernt er dagegen, dass die Konzentration auf Sie zum Erfolg führt, ist das sehr nützlich sowohl für den Gehorsam als auch für die Kommunikation zwischen Ihrem Hund und Ihnen.

Fördern, aber nicht überfordern

Welpen, die kontinuierlich gefördert werden, erweitern ihren Horizont. Sie erleben auch, dass sie ungewohnte Situationen meistern können, und gewinnen dadurch Selbstver-trauen. So werden sie später an unbekannte Situationen gelassener herangehen. Doch alles mit Maß und Ziel. Der Welpe darf nicht mit Eindrücken überhäuft werden. Und werfen Sie den Kleinen, wie man so schön sagt, nicht einfach ins »kalte Wasser«. Passen Sie die vielfältigen Eindrücke und das Herangehen an neue Situationen unbedingt dem Wesen Ihres Hundekindes an.

Die Erlaubnis zum Loslaufen kommt nach dem Ableinen erst dann, während der Welpe seine Aufmerksamkeit auf Sie richtet.

Übung 1 Zerren sollte dem Welpen nichts nützen.

Übung 2 Bleiben Sie kommentarlos stehen.

Zerren vermeiden

Wir kommen nun zu einem weiteren sehr wichtigen Aspekt. Sehr viele Hundehalter haben nämlich das Problem, dass ihr Vierbeiner oft an der Leine zerrt – hin zu einer Duftmarke, zu Artgenossen, zu Menschen oder einfach, um vorwärtszukommen. Die Palette ist breit. Beugen Sie diesem Problem bereits im zarten Welpenalter vor. Ein Welpe kann nur kurze Strecken an der lockeren Leine gehen. Er wird früher oder später zu ziehen beginnen. Doch Sie wissen ja: Hat der Hund mit etwas Erfolg, macht er es immer wieder. Wenn der Kleine also zieht und Sie mitgehen, lernt er, dass man durch Ziehen weiter oder zu einer bestimmten Stelle kommt. In seinen Augen hat er auch Erfolg, wenn Sie zwar stehen bleiben, jedoch dann den Arm ausstrecken oder ihm mehr Leine geben.

Vermeiden Sie »Spazierengehen« an der Leine. Müssen Sie mit ihm von A nach B, klemmen Sie ihn sich unter den Arm oder fahren Sie auch kürzere Strecken mit dem Auto. Oder lassen Sie den Welpen beim Rest der Familie zu Hause.

So klappt es: Üben Sie gezielt »Nicht-Zerren«. Gehen Sie mit dem angeleinten Welpen los. Gut funktioniert das auf einem Weg, denn dort bietet der Untergrund keine interessanten Alternativen. Und es sollte auch sonst keine Ablenkung in Sichtweite sein. Sobald Ihr Vierbeiner zu zerren beginnt, bleiben Sie stehen. Ziehen Sie den Hund nicht zurück und rucken Sie nicht an der Leine, bleiben Sie einfach nur stehen. Sagen Sie nichts, denn das würde nichts bewirken. Der Welpe soll selbst darauf kommen, was ihn weiterbringt. Warten Sie nun, bis durch irgendein Verhalten oder eine Bewegung des Welpen die Leine wieder locker hängt. Vielleicht setzt er sich, geht ein paar Schritte zurück oder dreht sich gar zu Ihnen um. In dem Moment gehen Sie wieder los. Es kann aber leicht sein, dass Sie nach zwei Schritten schon wieder stehen bleiben müssen. Sobald die Leine locker ist, gehen Sie erneut weiter. Der Welpe soll dabei lernen, dass es nur weitergeht, wenn die Leine locker ist. Nicht aber, wenn sie straff ist. Sie brauchen dafür, je nach Hundetyp, viel Geduld. Hat der Welpe idealerweise mit Zerren nie Erfolg, wird er es nach und nach lassen.

Übung **3** Sie warten, bis die Leine locker ist.

Übung **4** Erst dann gehen Sie wieder weiter.

Variante: Richtig Spaß macht die Übung, wenn Sie sich mit Ihrem Welpen an ein konkretes Ziel heranarbeiten. Dazu stellen Sie seinen Futternapf mit ein paar Futterbröckchen gut sichtbar auf einen Weg oder in kurzes Gras, etwa ungefähr sechs, sieben Meter entfernt von ihm. Ihr Hundekind muss seinen Napf jedoch unbedingt wahrnehmen können. Nun beginnen Sie, auf den Futternapf zuzugehen, und werden vermutlich gleich wieder stoppen müssen, weil der Kleine sich sofort ordentlich ins Zeug wirft.

Warten Sie konsequent, bis die Leine locker ist. So kann es nun eine ganze Zeit dauern, bis Sie am Napf angelangt sind. Achtung – je näher Sie an den Napf herankommen, umso besser müssen Sie darauf achten, dass beim letzten Stück die Leine nicht doch straff ist. Also stoppen Sie auch dann, wenn der Welpe nur noch vielleicht 10 Zentimeter vom Napf entfernt ist und zieht. Oder passen Sie auf den letzten Zentimetern Ihr Tempo so an, dass der Welpe auf jeden Fall an lockerer Leine am Napf ankommt. Für den gewünschten Effekt ist auch hier ein gutes Timing wichtig.

Bitte beachten: Das Zerren an der Leine lässt sich nur dann weitgehend vermeiden, wenn Sie wirklich immer darauf achten, dass der Welpe keine Gelegenheit dazu bekommt. Das heißt, der Welpe darf Sie (oder jemand anderen) weder zu einem Menschen zerren noch zu einer Duftmarke usw. Auch nicht zu einem anderen Hund. Darauf sollten Sie auch dann achten, wenn Sie eine Welpengruppe besuchen. Anfangs wird der Kleine versuchen, zu seinen Artgenossen zu gelangen. Aber Sie werden erstaunt sein, wie schnell er gelassen bei Ihnen bleibt, wenn er keinen Erfolg hat und ohne dass Sie auch nur ein Wort zu ihm sagen.

Möchte ein anderer Hundehalter seinen Vierbeiner unbedingt zu Ihrem angeleinten Welpen lassen, sagen Sie einfach, dass Sie das nicht möchten. Vielleicht reicht die Zeit für eine kleine Erklärung, damit Ihre Worte nicht zu abweisend klingen. In welchem Maß Sie das Zerren Ihres Welpen stört, hängt natürlich auch von Ihren persönlichen Ansprüchen ab. Bei einem kleinen, leichten Hund genauso wie bei einem 20 oder 30 Kilogramm schweren Exemplar.

Der Bindungsspaziergang

Sie haben mit dem Welpen gekuschelt, gespielt, ihn gefüttert und die ersten Übungen mit ihm gemacht. Der Kleine hat eine erste Bindung zu Ihnen aufgebaut. Das ist die Voraussetzung für die in dieser Woche beginnenden Bindungsspaziergänge. Der Sinn dieser ersten Spaziergänge ist es, dem Welpen von klein auf beizubringen, von sich aus darauf zu achten, Anschluss zu halten. Und nicht dass etwa Sie unterwegs dauernd schauen müssen, wo denn der Hund nun wieder ist. Das Welpenalter ist dafür geradezu ideal. Denn sein Instinkt sagt dem jungen Hund, dass er allein nicht überleben kann und deshalb Anschluss an sein »Rudel« halten muss. Diesen Nachfolgeinstinkt machen wir uns in den kommenden Wochen zunutze.

So klappt es: Am besten ist es, wenn die Hauptbezugsperson allein mit dem Welpen unterwegs ist. Falls Sie aber zu zweit sind, müssen Sie immer dicht zusammenbleiben.

▸ Bringen Sie den Welpen hinaus ins Grüne, und zwar in ein Gelände, das er nicht kennt. Denn in unbekanntem Gebiet wird er besser Anschluss halten als dort, wo er sich auskennt.

▸ Das Gelände muss weit genug vom Zuhause entfernt sein, damit Ihr Welpe nicht womöglich heimläuft. Außerdem darf keine Straße in der Nähe sein, und es sollte insgesamt ein ruhiges Gebiet ohne Spaziergänger, andere Hunde usw. sein.

▸ Setzen Sie den Welpen jetzt auf den Boden. Falls er angeleint war, leinen Sie ihn ab.

▸ Gehen Sie nun souverän los. Nimmt der Welpe auch nach einigen Momenten noch nicht wahr, dass Sie sich entfernen, machen Sie ihn kurz mit interessanter Stimme aufmerksam, und bewegen Sie sich weiter, sobald er Sie registriert.

▸ Wählen Sie das Tempo so, dass der kleine Vierbeiner nicht direkt rennen muss, aber auch keine Zeit hat, sich mit etwas anderem zu beschäftigen.

▸ Beobachten Sie, wie sich der Welpe verhält. Bleibt er dicht hinter Ihnen? Das ist ideal. Gehen Sie kreuz und quer, kündigen Sie die Richtungswechsel aber nicht an.

▸ Möchte er vorauslaufen, oder biegt er ab? Ändern Sie vor allem dann die Richtung, wenn er beginnt, Sie zu überholen oder abzubiegen. Der Welpe soll nicht vorauslaufen.

▸ Bleiben Sie nicht stehen. Lediglich wenn Ihr Hundekind »muss«, können Sie kurz anhalten. Gehen Sie aber gleich wieder los, sobald es fast fertig ist.

Manche Welpen »kleben« von Anfang an am Absatz ihrer Bezugsperson. Andere sind selbstständiger und lernen das dichte Nachfolgen bei regelmäßigem Üben aber rasch. Haben Sie Angst, dass der Welpe wegläuft? Das passiert bei gut sozialisierten Welpen nicht. Wenn Sie sich aber unsicher sind, dann machen Sie an seinem Halsband ein dünnes Seil von etwa eineinhalb oder zwei Metern fest, das am Boden schleift. Bei Bedarf können Sie ihn damit festhalten.

Für den Bindungsspaziergang reichen in diesem Alter fünf bis sieben Minuten. Danach tragen Sie den Welpen nach Hause oder fahren mit dem Auto heim. Idealerweise machen Sie einen Bindungsspaziergang pro Tag. Zwei, drei Tage üben Sie in offenem Gelände wie einer Wiese mit relativ kurzem Gras, damit der Welpe Sie gut sehen kann und problemlos hinterherkommt. Hat er schon ein wenig Übung, verlegen Sie die Bindungsspaziergänge in etwas unübersichtlicheres Gelände wie einen lichten Wald oder eine Wiese mit etwas Gebüsch.

Wichtig: Der Bindungsspaziergang sollte immer in einem fremden Gebiet stattfinden. Da Sie ja nur wenige Minuten unterwegs sind, »verbrauchen« Sie wenig Gelände. Somit finden Sie innerhalb eines Gebietes sicher einige unbekannte Bereiche. Aber es ist auch kein Problem, zwei-, dreimal in dasselbe Gebiet zu gehen, wenn jeweils mehrere Tage und Bindungsspaziergänge anderswo dazwischenliegen.

Schritt **1** Gehen Sie zügig los, der Welpe folgt.

Schritt **2** Der Welpe beginnt zu überholen.

Schritt **3** Sie drehen sich um und gehen weiter.

Schritt **4** Schon dreht der Welpe um und folgt.

Das Kommen auf Ruf festigen

Sie haben fleißig mit Ihrem Welpen geübt, und er kommt nun sicher bei jeder Mahlzeit wie der Blitz angeflitzt, wenn Sie ihn rufen. Nun bauen wir die Übung aus. Noch immer ist es wichtig, dass ohne jegliche Ablenkung geübt wird, damit sich das erwünschte Verhalten fehlerfrei festigen kann. Gut geeignet ist zum Beispiel die Zeit, in der die Kinder in der Schule sind.

So klappt es: Üben Sie auch in dieser Woche nur im Haus. Denn hier ist die Wahrscheinlichkeit, dass den kleinen Vierbeiner etwas vom Kommen ablenkt, äußerst gering. Jetzt üben Sie aber nicht mehr nur in Verbindung mit der Mahlzeit, sondern auch außerhalb der Fütterungszeiten. Damit Sie immer startklar sind, sollten Sie tagsüber stets eine Portion leckerer Belohnungshäppchen in der Hosentasche haben. Falls Sie eine Hundepfeife verwenden, muss diese stets griffbereit sein.

▶ Der Welpe ist ein paar Meter von Ihnen entfernt und beschäftigt sich zum Beispiel selbst mit seinem Spielzeug, döst oder liegt irgendwo und beobachtet seine Umgebung. Das sind die Situationen, die Sie jetzt für das Kommen nutzen. Wechseln Sie dabei Ihren Standpunkt, sodass der Welpe im Laufe der Woche aus jeder Ecke der Wohnung zu Ihnen kommt, wenn Sie rufen oder pfeifen. Wie Sie dabei vorgehen, hängt ein wenig davon ab, wie Sie Ihren Hund einschätzen.

▶ Haben Sie das Gefühl, dass er bei Ihrem »Hier« schon sofort alles liegen und stehen lässt, dann rufen Sie ohne »Vorwarnung«. Ansonsten machen Sie ein kleines Geräusch, das Ihren Welpen veranlasst, zunächst zu Ihnen zu schauen. Hat er dadurch registriert, wo Sie stehen, dann rufen Sie »Hier«.

▶ Gehen Sie wie gewohnt in die Hocke, und geben Sie dem Welpen den Happen erst, wenn er ganz dicht bei Ihnen ist. Halten Sie ihn dabei am Halsband fest. Anschließend lösen Sie die Übung wieder auf.

Übung 1 Der Welpe schaut zu Ihnen.

▶ Funktioniert das problemlos, dann rufen Sie Ihren Welpen auch, wenn noch jemand in der Wohnung ist, sich aber nicht mit dem Vierbeiner beschäftigt. Also wenn die Kinder etwa Hausaufgaben machen oder jemand vor dem Fernseher sitzt. Das ist schon eine ganz leichte Ablenkung.

Wichtig: Denken Sie daran, dass das Ankommen bei Ihnen für das Hundekind ein echtes Highlight sein soll. Freuen Sie sich, wenn der Kleine da ist, und geben Sie ihm etwas, was er wirklich mag. Er sollte auch ein wenig hungrig sein. Rufen Sie ihn am besten vor dem Füttern, nicht direkt danach. Die Häppchen, die der Welpe tagsüber für das Kommen (und auch für andere Übungen) bekommt, ziehen Sie von der Mahlzeit ab.

Variante für die Familie: Wenn Sie einen Partner oder größere Kinder haben, können Sie das »Hier« im Haus zwischendurch auch zu zweit üben. Dazu hält einer den Welpen am Halsband fest, der andere läuft ein paar Meter weg, geht in die

Hocke und ruft den Kleinen. Möchten Sie den Welpen noch ein wenig »heißer« auf das Kommen machen, dann zeigen Sie ihm beim Weggehen das Leckerchen. Halten Sie es ihm direkt vor die Nase, aber noch bekommt er es nicht. Je schneller Sie sich noch dazu vom Welpen wegbewegen, umso stärker wird sein Drang zu Ihnen sein und umso freudiger wird er angeflitzt kommen. Achten Sie unbedingt darauf, dass jeder das gleiche Hörzeichen verwendet!

Bitte beachten: Wenn Sie den Welpen rufen, dann immer so, dass er Sie sehen kann. Denn er soll wirklich auf direktem Weg kommen. In den ersten Tagen ist eine Entfernung von drei, vier Metern ausreichend. Wenn das super klappt, können Sie ihn auch aus einer etwas größeren Entfernung zu sich rufen, wenn das innerhalb der Wohnung möglich ist. Denken Sie auch beim Rufen wieder an Ihre Körpersprache und die Stimme. Das »Hier« klingt sehr motivierend, sodass der kleine Hund das

Gefühl bekommt: »Da muss ich unbedingt hin.« Sollte er ein gemütlicher Typ sein, dann bewegen Sie sich gleichzeitig noch rückwärts von ihm weg. Das bewirkt, dass er schneller zu Ihnen kommt. Und noch etwas ist wichtig. Vermeiden Sie es, schon nach seinem Halsband zu greifen, womöglich noch von oben, wenn er noch gar nicht ganz bei Ihnen ist. Das wirkt auf den Welpen unangenehm und wenig einladend. Als Folge davon kann es sein, dass er Ihnen ausweicht oder deutlich langsamer wird. Also das Gegenteil von dem, was Sie eigentlich wollten. Sie müssen ihn nicht »fangen«, er kommt schon. Auch wenn das »Hier« im Haus nun bereits sehr gut funktioniert – verwenden Sie es noch keinesfalls draußen. Auch wenn Sie es vermutlich gern schon mal ausprobieren würden. Das kommt schon noch. Denn Sie wissen ja, wenn Ihr Welpe ein paarmal das »Hier« hört, aber nicht kommt, weil er zu sehr abgelenkt ist, lernt er auch das Nicht-Kommen nachhaltig.

Übung 1   Das Leckerchen ist direkt vor der Nase ...

Übung 2   ... und wandert gerade nach unten

Die Übung »Platz«

Ihr Welpe ist ja nun schon ein kleiner Profi beim »Sitz«. Und damit ist er jetzt so weit, dass er das »Platz« lernen kann. Bei dieser Übung ist nicht nur sein Hinterteil am Boden, sondern auch der gesamte Vorderkörper.

So klappt es: Nehmen Sie ein Leckerchen in die Hand und gehen Sie in die Hocke. Lassen Sie den Welpen zunächst sitzen. Ein Leckerchen bekommt er dafür jetzt nicht, denn das halten Sie lediglich ganz dicht an seine Nase. Sobald er sehr daran interessiert ist, führen Sie es langsam und in gerader Linie nach unten bis zum Boden und, nur wenn nötig, dann noch ein wenig nach vorn. Der Welpe wird mit dem Kopf folgen. Halten Sie das Häppchen so, dass es unter Ihrer Handfläche ist. Möchte es der Kleine bequem erreichen, wird er sich ins Platz legen. Sobald er liegt und die Ellenbogen und das Hinterteil wirklich auf dem Boden sind, streicheln Sie ihm mit der anderen Hand einige Male langsam über den gesamten Rücken und sagen ein paarmal in ruhigem Ton »Platz«. Dazu

bekommt er sein Häppchen. Meist bleibt der Welpe liegen, bis er das Häppchen gefressen hat. Bevor er nun von selbst aufsteht, sagen Sie »Sitz«. Anschließend lösen Sie die Übung auf. Das Sitzen ist in diesem Fall eine Art »Bremse«. – Später ist es nützlich, wenn Sie den Hund im Platz ablegen und weggehen können, sodass er Sie nicht mehr sieht. Sollte ihn dabei wirklich mal etwas sehr stark ablenken, wird er sich auch dann eher erst aufsetzen und nicht gleich seinen Platz verlassen. – Vermutlich wird Ihr Welpe mit der Schnauze in Ihrer Hand nach dem Happen bohren. Wenn Sie ein paar Tage geübt haben, wird sich der Welpe bereitwillig ins Platz legen. Ab jetzt warten Sie mit dem Öffnen der Hand jedoch, bis er einen Moment nicht danach bohrt – vielleicht, weil er gerade etwas gehört oder gesehen hat. Jetzt öffnen Sie die Hand, und er bekommt den begehrten Happen.

Alternativen: Legt der Welpe sich nicht, wie links erklärt, ins Platz, führen Sie das Leckerchen vom Boden aus dicht am Hund entlang und langsam ein wenig nach hinten. Wenn er jetzt mit dem Kopf folgt, »kippt« er automatisch ins Platz.

Übung 3 ... oder alternativ seitlich nach hinten.

Übung 4 Belohnt wird in Bodennähe.

Wer sportlich ist, kann auch die folgende Technik versuchen: Gehen Sie in die Hocke und strecken Sie ein Bein leicht angewinkelt nach vorn. Nun locken Sie den Welpen mittels Happen so unter Ihr Bein, dass er sich ins Platz legen muss, wenn er das Leckerchen erreichen will.

Liegt der Welpe einmal von sich aus im Platz, wenn er sich zum Beispiel ausruht, können Sie diese und ähnliche Situationen zusätzlich zum Festigen der Übung nutzen. Gehen Sie ruhig zu ihm und begeben Sie sich neben ihm in die Hocke. Streicheln Sie ihm einige Male langsam von vorn nach hinten über den gesamten Rücken und sagen Sie dazu »Platz«. Nicht vergessen – auch diese Situation lösen Sie wie gewohnt auf.

Bitte beachten: Üben Sie, wenn der Welpe schon müde ist. Jetzt kommt ihm das Platz nämlich sehr entgegen, da er sich sowieso gern hinlegen möchte. Außerdem spielt der Untergrund eine Rolle. Welpenbäuche sind noch nackt. Deshalb ist den meisten Welpen ein kalter oder nasser Boden unangenehm. Üben Sie also im Trockenen und bei angenehmen Temperaturen. Im Haus ist das sowieso kein Problem.

Achten Sie auf ruhige Bewegungen und eine ruhige Stimme, denn beim Platz wollen Sie von Ihrem Hund ein ruhiges Verhalten. Diese Ruhe müssen Sie ihm durch Ihre Körpersprache und Ihre Stimme vermitteln. Denken Sie wie bei allen Hörzeichen daran, es deutlich und betont zu sagen. Und vor allem ohne Drumherum, also nicht etwa »Mach mal schön Platz«.

Für das Aufsitzen nach dem Platz gibt es keine Belohnung, denn die meisten Welpen und Junghunde möchten sowieso eher zu früh, also schon vor dem »Sitz«, aufstehen. Das würden Sie durch eine Belohnung zusätzlich verstärken.

Wichtig: Führen Sie das Leckerchen in wirklich gerader Linie nach unten, nicht etwa schräg nach vorn. Denn dann steht Ihr Welpe garantiert auf und läuft Ihrer Hand nach. Sobald Sie mit dem Leckerchen am Boden angelangt sind und der Welpe im Platz liegt, lassen Sie die Hand an Ort und Stelle. Manche Welpenbesitzer neigen dazu, die Hand nach vorn vom Hund weg zu bewegen. Aber dann robbt der Kleine hinterher, und das soll er nicht. Denn es ist später sehr wichtig, dass der Hund genau an der Stelle liegen bleibt, wo Sie ihn abgelegt haben.

43

Das Programm für die dritte Woche

Mittlerweile ist Ihnen Ihr Hundekind gewiss schon ans Herz gewachsen. Ist es nicht erstaunlich, wie viel der Kleine in der kurzen Zeit schon dazugelernt hat? Es ist immer wieder faszinierend zu beobachten, mit welcher Neugierde ein Welpe seine Welt entdeckt und wie offen er für neue Erfahrungen ist. Auch diese Woche gibt es wieder einiges zu erleben und natürlich auch zu lernen.

Richtig spielen

Wie der Welpe spielt, ist teilweise typabhängig, hat aber auch damit zu tun, wie Sie mit ihm spielen. Sie können mit und ohne Objekt spielen. Ohne Objekt setzen viele Hundekinder anfangs ihre Zähne zu fest ein. Dann heißt es, die Beißhemmung zu erlernen.

Ohne Spielzeug

War der Welpe letzte Woche schon zu grob, sollte Ihr konsequenter Spielabbruch mit Ignorieren erste Erfolge zeigen. Falls nicht, brechen Sie das Spiel mit einem ärgerlichen »Aua« ab und gehen zusätzlich aus dem Zimmer. Schließen Sie die Tür und lassen Sie den Welpen etwa zwei Minuten »schmoren«. Oder bringen Sie ihn kommentarlos in seine Box (→ Seite 24). Auch ein gut getimter, gezielter Griff über die Schnauze, weder zu leicht/zu kurz noch zu fest/zu lang,

bremst den Welpen ein. Richtig war der Schnauzgriff, wenn der Welpe nicht nachschnappt. Nutzen Sie ihn nur, wenn Sie ihn emotionslos und ohne jegliche Hektik ausführen können. Lesen Sie auch Seite 52.

Mit Spielzeug

Spielen Sie hin und wieder etwa mit einem Ziehtau, kann sich der Kleine daran »austoben«. Ziehen Sie das Tau ruckartig über den Boden. Machen Sie es durch Ihre Stimme spannend. Ein nicht so spielfreudiger Hund darf es relativ schnell erwischen, damit er die Freude nicht verliert. Bei einem spielbegeisterteren warten Sie länger, sonst wird das Spiel bald zu langweilig. Hat der Welpe das Spielzeug »erbeutet«, kann ein kleines Zerrspiel folgen. Aber mit Gefühl – der Welpe soll sich nicht hineinsteigern. Die »Beute« haben letztlich jedoch fast immer Sie in der Hand (→ »Auslassen, Seite 49). Neigt der Welpe dazu, seine Beute zu verteidigen, machen Sie keine Zerrspiele. Das gilt auch dann, wenn er sich trotz sanftem Spielen Ihrerseits hineinsteigert. Bringt Ihr Welpe gern etwas, dann rollen oder werfen Sie das Spielzeug ein kleines Stück, und er darf es holen. **Wichtig:** Der Welpe sollte mit Ihnen gemeinsam spielen. Dann fördert Spielen den Zusammenhalt.

Weitere Spielregeln

Spielen Sie nicht so lange mit dem Kleinen, bis er keine Lust mehr hat, sondern hören Sie auf, solange er voller Freude mitspielt. So bleibt das Spiel mit Ihnen etwas Besonderes.

Wie viele Spielzeuge?

Eine Kiste voller Spielzeuge, die auch noch immer verfügbar sind, lässt diese bald langweilig werden. Daher reichen ein, zwei Spielzeuge, mit denen der Welpe allein spielen kann. Ein besonderes Lieblingsspielzeug nehmen Sie gezielt dafür, wenn Sie ihn zum Spiel auffordern, und räumen es anschließend wieder weg. So bleiben das Spielzeug und das Spielen mit Ihnen interessant. Das fördert einerseits die Bindung, und andererseits können Sie Ihren Hund später auch unterwegs mit dem Spielzeug beschäftigen oder ihn zum Beispiel von Krähen ablenken, die auf der Wiese sitzen und die er für seine Leben gern jagen möchte.

Ausflug ins Café

Diese Woche steht der eine oder andere Besuch in einem Café, Biergarten oder Ähnlichem auf dem Programm. Der Welpe wird hier mit einer neuen Umgebung bekannt gemacht und lernt außerdem ein Stück mehr, sich einer Alltagssituation anzupassen.

So klappt es: Bevor Sie aufbrechen, spielen Sie mit Ihrem Welpen oder machen einen Bindungsspaziergang (→ Seite 38), damit er nicht voller Tatendrang ist. Er sollte sich außerdem gelöst haben. Packen Sie eine Knabberstange sowie eine kleine Schüssel für Wasser ein. Nehmen Sie auch die Hundedecke mit, auf der der Welpe normalerweise schläft. Seine Decke verbindet das Hundekind nämlich mit Ruhe. Nun kann es losgehen!

▶ Am Ziel angekommen, suchen Sie sich einen Platz in einem ruhigen Bereich.

▶ Das Hundebett legen Sie nahe bei sich entweder unter oder neben den Tisch.

▶ Die Leine befestigen Sie so am Tisch- oder an Ihrem Stuhlbein, dass der Welpe nur einen begrenzten Radius hat

Stundenplan

Themen rund um die dritte Woche
Richtig spielen

Übungen	Wie oft?
Sozialisierungsausflug ins Lokal, zu Bekannten etc.	2–3-mal pro Woche
Gewöhnung an unbekannte Untergründe	mehrmals pro Woche
Vorübung zum Alleinbleiben	mehrmals pro Woche
»Sitz« mit veränderter Belohnungsweise	mehrmals täglich
Anspringen vermeiden	wenn nötig
Etwas auslassen	2–3-mal täglich
Erstes »Bei Fuß«	mehrmals täglich
Zerren vermeiden	wann immer nötig

und höchstens ein kleines Stück von seinem Bett weg kann. Die Knabberstange deponieren Sie auf der Decke.

▶ Beachten Sie Ihr Hundekind nun aber nicht mehr, gleich ob es jammert oder an der Leine zieht. Es wird lernen, sich der Situation anzupassen, wenn sich niemand um es kümmert, und sich auf sein Bettchen legen.

Bitte beachten: Verwenden Sie nicht das Signal »Platz«, denn der Welpe kann es nicht die ganze Zeit befolgen. Außerdem müssten Sie stets darauf achten, ob er liegen bleibt.

Unbekannte Untergründe

In unserer Umwelt gibt es viele für den Hund unnatürliche Untergründe wie glatte PVC-Böden, Gittertreppen usw. Manche davon machen dem einen oder anderen Hund Angst. Gewöhnen Sie den Welpen daran, damit sie in seinem Leben selbstverständlich werden.

So klappt es: Haben Sie ein Kompostgitter? Legen Sie es schräg zum Beispiel auf eine nicht zu hohe Stufe oder auf einen Balken. Animieren Sie den Welpen ohne oder an lockerer Leine mit einem Leckerchen dicht vor der Nase, darüberzugehen. Wenn er folgt, bekommt er den Happen,

während er auf dem Gitter steht (wichtig!). Ist der Welpe zurückhaltend, versuchen Sie, ihn durch das Leckerchen dicht vor seiner Nase so weit zu ermuntern, dass er wenigstens eine Pfote daraufsetzt. In dem Moment gibt es den Happen! Mit dem nächsten Leckerchen traut er sich dann sicher schon weiter. Falls nicht, zwingen Sie ihn nicht dazu. Versuchen Sie es ein anderes Mal, wenn er großen Appetit hat und dem Leckerchen nicht widerstehen kann.

Variante: Nutzen Sie auch Untergründe im Alltag, wie einen glatten Holzboden oder ein, zwei Stufen einer Gittertreppe. Auch andere Arten von Treppen sollte er kennenlernen, aber immer nur wenige Stufen gehen. Hier lernt er, sowohl verschiedene Untergründe zu erkunden als auch die Koordination seiner Beine zu üben. Auf Stufen leinen Sie ihn an.

Wichtig: Gehen Sie ohne Zwang vor. Denn ziehen Sie einen ängstlichen Welpen etwa an strammer Leine über einen Boden, wird seine Angst nur noch größer.

Vorübungen zum Alleinbleiben

Jeder Hund muss lernen, auch ein paar Stunden allein zu bleiben. Üben Sie in kleinen Einheiten Schritt für Schritt.

So klappt es: Erst einmal lernt Ihr Vierbeiner, innerhalb der Wohnung eine Distanz zu Ihnen auszuhalten. Üben Sie am besten, wenn Sie allein zu Hause sind. Gehen Sie zum Beispiel ohne Welpen ins Bad oder in den Keller. Die Badtür ist zu, das Absperrgitter zum Keller auch. Oder Sie setzen ihn in seine Box und gehen ans andere Ende des Raumes oder ganz aus dem Zimmer. Falls er jammert, lassen Sie ihn jammern. Gehen Sie erst zu ihm, wenn er einige Momente ruhig war. Sonst lernt er, dass er Sie mit Jammern erweichen kann. Sobald der Welpe keine Probleme mit diesem ersten Alleinsein hat, sagen Sie jedes Mal »Warten«, wenn Sie die Badtür

In die Kleidung oder in die Hände zu beißen ist tabu. Die Beißhemmung müssen die meisten Welpen erst lernen.

zumachen, in den Keller gehen oder die Box schließen. Klappt das ein paar Tage lang hintereinander, können Sie die Übung ausbauen und zum Beispiel den Müll hinausbringen und einige Minuten draußen bleiben. Wenn Sie aus der Wohnung gehen, sagen Sie ebenfalls nur »Warten«, ohne sonstige Abschiedszeremonie. Wenn Sie zurückkommen, begrüßen Sie ihn höchstens kurz. So wird das Alleinbleiben etwas Normales. Funktioniert das, dehnen Sie die Zeit allmählich aus. Richten Sie sich danach, welcher Typ Hund Ihr Welpe ist. Manche haben von Anfang an auch mit Ihrer längeren Abwesenheit keine Probleme, andere sind sensibler.

Variante: Im Auto allein zu bleiben ist für die meisten Hunde kein Problem. Sagen Sie auch hier »Warten«, wenn Sie aussteigen, und übertragen Sie es dann auf zu Hause. Gut geeignet sind Fahrten zu Kurzeinkäufen wie zum Beispiel zum Bäcker oder Metzger und ähnliche Erledigungen.

Wichtig: Gehen Sie in kleinen Schritten vor, wenn Ihr Welpe ängstlich und geräuschempfindlich ist. Gibt es nämlich einen lauten Knall, wie etwa durch Böller oder Donner, während er allein ist, kann die Übung ein Problem werden.

»Sitz« mit veränderter Belohnungsweise

Das »Sitz« beherrscht Ihr Vierbeiner bereits, und Sie haben die Zeit ausgedehnt. Jetzt ändern Sie die Belohnungsweise.

So klappt es: Der Welpe soll Ihre Hörzeichen nicht nur dann befolgen, wenn Sie ein Häppchen in der Hand haben. Deshalb sieht er das Häppchen ab sofort nicht mehr von Anfang an. Sie halten Ihrem Welpen wie gewohnt die Hand über den Kopf und sagen »Sitz«. Das Leckerchen haben Sie jetzt in der anderen Hand und hinter dem Rücken. Ist er so lange sitzen geblieben, wie er sollte, gibt es das Häppchen. Mal lassen Sie ihn nur kurz sitzen, ein anderes Mal länger. Üben Sie jetzt auch schon im Garten und unterwegs.

Die Decke kennt er als Ruheplatz, die Leine begrenzt den Radius. So lernt der Welpe, sich ruhig zu verhalten.

Das Häppchen hilft dem Welpen, falls er sich zunächst nicht ganz von alleine über die raschelnde Folie traut.

Übung 1 Der Welpe möchte Ihre Aufmerksamkeit.

Übung 2 So hat er keinen Erfolg damit.

Das Anspringen vermeiden

Wenn ein Welpe an uns hochspringt, ist das noch recht putzig. Spätestens aber mit einem Gewicht von 20 kg oder mehr und schlammigen Pfoten ist Schluss mit lustig. Deshalb beeinflussen Sie am besten schon jetzt dieses unerwünschte Verhalten.

So klappt es: Erinnern Sie sich an das erste Kapitel – Verhaltensweisen, die dem Hund dauerhaft nichts bringen, wird er nach und nach nicht mehr zeigen. Der Welpe springt Sie an, um Ihre Aufmerksamkeit zu bekommen. Drehen Sie sich nun um 180° von ihm weg und beachten Sie ihn nicht mehr. Springt er Sie wieder von vorne an, drehen Sie sich abermals weg. Springt er Sie von hinten an, einfach stehen bleiben. Irgendwann wird er damit aufhören und sich zum Beispiel setzen. Warten Sie jetzt einige Momente, dann erst wenden Sie sich ihm auf eine ruhige Art und Weise zu.

Variante: Sie können das Anspringen auch durch Fordern eines Alternativverhaltens beeinflussen. Ist der Kleine von ruhigerem Temperament und/oder kann er das »Sitz« sehr gut, sagen Sie zu ihm »Sitz«, wenn er Anstalten zum Anspringen macht. Loben Sie ihn nun mit Ruhe für das Sitzen.

Bitte beachten: Ihr Vierbeiner wird das Anspringen nur dann auf Dauer abbauen, wenn er auch tatsächlich bei niemandem mehr Erfolg damit hat. Deshalb müssen hier alle Familienmitglieder an einem Strang ziehen.

Besucher »briefen« Sie im Vorfeld oder nehmen den Welpen an die Leine, um die entsprechende Situation zu vermeiden. Diese Strategie ist auch dann das Mittel der Wahl, wenn Ihnen unterwegs jemand entgegenkommt. Holen Sie den Welpen rechtzeitig zu sich und leinen Sie ihn an. Aber rufen Sie ihn nicht mit »Hier«! Locken Sie ihn mit spannender Stimme und entfernen Sie sich gleichzeitig rasch von ihm.

Die Übung »Auslassen«

Nicht immer hat Ihr Vierbeiner etwas im Maul, das er haben darf. Allerlei verbotene Dinge sind für junge Hunde interessant. Auch Spielzeug möchte er vielleicht nicht immer hergeben.

Das Hörzeichen: Für diese Übung verwenden Sie zum Beispiel das Signal »Aus«. Das ist aber kein »böses« Hörzeichen, also kein Verbotswort. Daher liegt weder in Ihrem Tonfall noch in Ihrer Körpersprache etwas Bedrohliches.

So klappt es: Völlig stressfrei lernt der Hund das Auslassen, wenn Sie es über ein Tauschgeschäft mit ihm einüben. So lernt er einmal mehr, dass es sich lohnt, mit Ihnen zusammenzuarbeiten. Angenommen, Sie machen ein kleines Zerrspiel mit ihm, dann sollten am Schluss meist Sie die Beute haben. Mag Ihr Vierbeiner das Spielzeug nicht so gern abgeben, nehmen Sie einen leckeren Happen und halten ihn dem noch zerrenden Welpen vor sein Näschen. In dem Moment, in dem er das Spielzeug loslässt, sagen Sie »Aus«.

Variante: Hat Ihr Welpe Ihr Handy, einen toten Frosch oder sonst etwas Verbotenes im Mäulchen, locken Sie ihn freundlich zu sich und tauschen den Gegenstand gegen ein Häppchen. Hat er nach einigem Üben das »Aus« verstanden, können Sie das Hörzeichen auch auf Entfernung nennen. Er wird den Gegenstand dann fallen lassen und zu Ihnen kommen, um sich seinen Happen abzuholen. Bei einem toten Frosch wäre das durchaus eine Option, bei Ihrem Handy vielleicht weniger ...

Wichtig: Verwenden Sie das Signal »Aus« nicht, wenn Ihr Welpe irgendetwas tut, was er nicht soll! Falls Sie dazu neigen, wählen Sie für das Auslassen ein anderes Hörzeichen, zum Beispiel »Danke«.

Übung **1** Leckerchen plus Signal ...

Übung **2** ... und der Welpe lässt aus.

Die Übung »Bei Fuß«

Damit Sie mit Ihrem Welpen später problemlos in der Öffentlichkeit unterwegs sein können, lernt er, an lockerer Leine dicht an Ihrer Seite zu bleiben.

Das Hörzeichen: Das gebräuchliche Hörzeichen ist »Fuß« oder »Bei Fuß«. Sie können aber auch das Signal »Links« bzw. »Rechts« verwenden. Das wäre dann günstig, wenn Sie Ihrem Hund später das Laufen an beiden Seiten beibringen wollen.

So klappt es: Überlegen Sie als Erstes, auf welcher Seite Sie Ihren Kleinen bei Fuß führen möchten. Das kann links, aber genauso auch rechts sein. Jedoch muss es bei jedem, der mit dem Hund in der Weise unterwegs sein wird, dieselbe Seite sein. Sonst kann der Welpe Hörzeichen und Verhalten nicht richtig verknüpfen. Beginnen Sie mit dieser Übung wieder ganz ohne Ablenkung. Nehmen wir an, Sie entscheiden sich dafür, dass Ihr kleiner Vierbeiner links von Ihnen läuft.

▶ Der Welpe ist für diese Übung angeleint. Halten Sie die Leine in der rechten Hand, sodass sie ein wenig durchhängt. In die linke nehmen Sie ein Häppchen. Die restlichen Häppchen haben Sie in der linken Jacken- oder Hosentasche.

▶ Nun halten Sie Ihrem Welpen ein Leckerchen direkt vor die Nase und leiten ihn damit an Ihre linke Seite.

▶ Möchte er das Häppchen unbedingt haben, gehen Sie los. Dabei achten Sie darauf, dass Ihr Arm dicht an Ihrem Bein entlang zum Welpenmäulchen führt. Dann nämlich läuft der Welpe in der richtigen Position. Strecken Sie den Arm jedoch zu weit nach vorn oder zur Seite, läuft der Welpe voraus oder abgewandt von Ihnen. Das ist nicht gut, weil er später so nicht merkt, wie schnell Sie gehen und wann Sie eine andere Richtung einschlagen. Das Hundekind soll sich auf Sie konzentrieren können. Während des Gehens darf der Welpe am Häppchen lecken und knabbern.

▶ Gehen Sie nicht zu langsam, sondern so, dass Sie Aktivität ausstrahlen. Denn Sie wollen ja, dass der Kleine auf jeden Fall mit Ihnen kommt.

▶ Motivieren Sie ihn zusätzlich mit entsprechender Stimme, aber reden Sie nicht dauernd auf ihn ein. Der Welpe darf zügig gehen, jedoch nicht etwa galoppieren müssen.

▶ Zunächst reicht es, wenn Sie etwa drei oder vier Meter gehen. Halten Sie dann an und nehmen Sie die Hand mit dem Leckerchen ein wenig nach oben und etwas zurück und sagen Sie »Sitz«. Dieses Signal kennt Ihr Welpe nun schon, und jetzt bekommt er seine Belohnung ganz.

▶ Nun nehmen Sie ein neues Häppchen und wiederholen das Ganze. Zwei, drei solcher Wiederholungen reichen aus. Im Lauf der Woche dehnen Sie die Strecke etwas aus.

▶ Geht der Welpe nach den ersten Einheiten exakt mit, dann sagen Sie, während er in der richtigen Position läuft, »Fuß«.

Übung 2 Nun gehen Sie los.

Übung 3 Nach wenigen Metern wird belohnt.

Bitte beachten: In dieser Woche müssen Sie sich für diese Übung – je nach Größe Ihres Vierbeiners – etwas nach unten beugen. Aber keine Angst, das bleibt nicht immer so.

Der Welpe sollte permanent am Leckerchen »kleben«. Denn wenn er am Boden schnüffelt oder irgendwo anders hinschaut, merkt er nicht, was er tun soll. Außerdem erhält er durch das Knabbern am Leckerchen eine Belohnung für das Fußgehen. Die Leine muss dabei immer locker sein, denn der Welpe soll von sich aus neben Ihnen bleiben. Aber lassen Sie die Leine nicht so stark durchhängen, dass Sie darüber stolpern oder das Hundekind sich verheddert. Geben Sie dem Welpen den kompletten Happen erst im Sitzen. Bekommt er ihn nämlich während des Gehens, wird er zum Kauen meist stehen bleiben, danach am Boden schnüffeln oder Ähnliches. Die Konzentration ist dann weg. Sitzt er aber, haben Sie ihn unter Kontrolle, und der Kleine tut sich leichter, sich auf Sie zu konzentrieren.

Kein Erfolg beim Zerren

Eigentlich müsste Ihr Welpe nun schon mitbekommen haben, dass er mit Zerren keinen Erfolg hat (→ Seite 36).

Wenn es sich aber in Ihrem Alltag nicht vermeiden lässt, dass der Welpe häufiger an der Leine mitgehen muss, kann ein Brustgeschirr für den Welpen hilfreich sein. Aber nicht etwa, um ihm das Zerren zu erleichtern, sondern um ihm zu zeigen, wann er ziehen darf und wann nicht. Sind Sie unterwegs und können nicht darauf achten, dass der Welpe nicht zerrt, legen Sie ihm das Geschirr an. Wenn Sie jedoch gezielt das Nicht-Zerren üben möchten, dann nehmen Sie das Halsband. So lernt er zu unterscheiden, wann Ziehen erlaubt ist und wann nicht.

Wichtig: Wenn der Welpe vor allem mit Geschirr läuft und zerrt und nur zu einem geringen Teil das Nicht-Zerren mit Halsband übt, lernt er nicht den Unterschied, und der Erfolg bleibt aus.

Das Programm für die vierte Woche

Der erste Monat im neuen Zuhause ist fast um. Der Welpe ist gewachsen, und er sieht nicht mehr so »babyhaft« aus wie in den ersten Tagen bei Ihnen. Aber nicht nur körperlich hat Ihr kleiner Vierbeiner sich weiterentwickelt. Sie werden bemerkt haben, dass er immer mehr von seiner Umwelt mitbekommt und zunehmend auch auf Dinge reagiert, die weiter von ihm entfernt sind.

Zwischenbilanz ziehen

Diese Woche ist es an der Zeit für eine kleine Zwischenbilanz. Folgendes sollte Ihr Welpe bisher gelernt haben:

▶ Er ist weitgehend stubenrein, meist auch nachts.

▶ Er akzeptiert, dass er nicht immer im Mittelpunkt steht, und verhält sich dann ruhig – zumindest, wenn er in der Box oder neben Ihnen etwa am Tischbein angeleint ist.

▶ Zu seiner Umwelt mit fremden Menschen und Situationen hat er Vertrauen und ist weitgehend entspannt.

▶ Er spielt, ohne in die Hände oder Kleidung zu zwicken.

▶ Sein Spielzeug, wie auch andere Dinge, gibt er Ihnen auf das Signal »Aus« im Austausch gegen einen Happen.

▶ Bei den Bindungsspaziergängen orientiert er sich gut an Ihnen und bleibt stets dicht hinter Ihnen oder an Ihrer Seite.

▶ Auf Ruf kommt er in Verbindung mit der Mahlzeit und in anderen Situationen innerhalb der Wohnung sofort.

▶ Auf das Signal »Schau« nimmt er Blickkontakt auf und hält ihn etwa 10 Sekunden, auch wenn ein weiteres Familienmitglied in der Nähe ist.

▶ Er setzt sich – ohne Leckerchen in Ihrer Hand – allein auf Ihr Hörzeichen und bleibt sitzen, bis Sie nach ca. 15 Sekunden die Übung auflösen (→ Seite 32).

▶ Ins Platz legt er sich bereitwillig mithilfe eines Leckerchens in Ihrer Hand.

▶ Er kann kurze Strecken an lockerer Leine laufen.

▶ Mithilfe eines Häppchens läuft der Kleine auch kurze Strecken bei Fuß.

Wenn das eine oder andere noch nicht so gut klappt, festigen Sie die Übung erst noch, bevor Sie darauf aufbauen.

Den Welpen zurechtweisen

Sie haben Wohnung und Grundstück welpensicher gemacht, räumen Dinge, die der Welpe nicht haben darf, weg oder tauschen sie gegen ein Leckerchen. Trotzdem kann es sein, dass der Welpe Gelegenheit hat, etwas zu tun, was er nicht soll. Knabbert er etwa am Teppich oder Stuhlbein oder möchte Ihr Sofa entern, wird es Zeit, Grenzen zu setzen – sofern sein Verhalten mit geltenden Regeln kollidiert.

So klappt es: Wie Sie schon wissen, spielen Körpersprache und Stimme bei der Verständigung eine entscheidende Rolle. Sie konnten auch schon lesen, dass man den Welpen richtig einschätzen muss, damit die Wirkung weder verpufft noch zu stark ist. Nehmen wir an, er beginnt gerade damit, das Stuhlbein zu bearbeiten. Gehen Sie auf ihn zu und machen Sie in tiefer Stimmlage »gschgschgsch« oder Ähnliches. Sie können sich auch tief und deutlich räuspern oder knurrig »Nein« sagen. Ihr Gesichtsausdruck sollte entsprechend ernst sein. Der Welpe sollte sein Verhalten einstellen und entweder unterwürfig zu Ihnen kommen und zum Beispiel Ihre Hand lecken oder weggehen. Ihre Einwirkung war zu leicht, wenn der Welpe Sie frech anschaut und weitermacht. Sie war zu stark, wenn er zum Beispiel mit eingeklemmtem Schwanz flüchtet. Das darf nicht passieren.

Sobald der Kleine sein Verhalten abbricht, loben Sie ihn und spielen zum Beispiel mit ihm. Manche hartgesottenen Hundekinder lassen sich durch Körpersprache und Stimme allein nicht beeindrucken. Hier kann es helfen, den Welpen, samt einem »Nein«, zusätzlich ein Stück wegzuschubsen – wie deutlich, hängt wieder vom Typ Hund ab. Oder heben Sie den Welpen hoch und setzen ihn woanders wieder ab.

Sehr »kooperative« Welpen lassen sich auch durch Ablenken von dem unerwünschten Verhalten abbringen. Lenken Sie das Interesse des kleinen Hundes auf Ihre »mitreißende« Stimme, die ihm signalisiert, dass ihn bei seinem Zweibeiner ein Highlight erwartet – was dann auch der Fall sein muss.

Eine weitere, auch zusätzliche Möglichkeit ist es, ein Abbruchsignal zu konditionieren. Auch eine Auszeit ist oft sinnvoll. Mehr dazu finden Sie auf Seite 70/71. Auch das Belohnen eines Alternativverhaltens, etwa »Hier« oder »Sitz«, kann den Welpen ablenken.

Futterverteidigung vorbeugen

Zwar neigt nicht jeder Welpe dazu, sein Futter zu verteidigen. Aber es ist sinnvoll, solchen eventuellen Problemen von Anfang an vorzubeugen. Bisher haben Sie die Mahlzeiten dazu genutzt, um das Kommen zu etablieren. Das ist jetzt nicht mehr nötig. Der Welpe kann außerdem mittlerweile

Stundenplan

Themen rund um die vierte Woche

Zwischenbilanz ziehen
Den Welpen zurechtweisen

Übungen	Wie oft?
Futterverteidigung vorbeugen	bei jeder Mahlzeit und zwischendurch
Bindungsspaziergang mit Ausflug in die Stadt	2-mal pro Woche
»Schau« unter Ablenkung	täglich
»Bei Fuß« ausdehnen	täglich
»Bei Fuß« über ein kleines Hindernis	3-mal wöchentlich
»Platz« ausdehnen	1-mal täglich
Erkundungsausflug	2–3-mal wöchentlich
»Hier« im Freien	täglich
Grundstellung	5-mal täglich
»Bleib«	gegen Ende der Woche 1-mal täglich

das Signal »Sitz« ausführen, auch schon einige Momente lang. Deshalb wird er jetzt lernen, etwa einen Meter vor seinem gefüllten Futternapf sitzen zu bleiben, bis er durch Ihr Auflösungshörzeichen die Erlaubnis zum Fressen bekommt.

So klappt es: Sie haben die Mahlzeit fertig und den Futternapf in der Hand. Sagen Sie »Sitz«, und beginnen Sie, den Futternapf auf den Boden zu stellen. Sobald der Welpe aufsteht, nehmen Sie den Napf wieder nach oben und wiederholen das »Sitz«. Das machen Sie so lange, bis der kleine Vierbeiner wirklich sitzen bleibt, wenn der Napf am Boden steht. Nach kurzem Warten darf er fressen.

Auch mit einem Familienmitglied als Helfer klappt die Übung. Sie halten den Welpen an der Leine und sagen »Sitz«. Der Helfer stellt den Napf auf den Boden. Sie achten darauf, dass der Welpe sitzt. Ist er zunächst unkonzentriert und versucht, an den Napf zu kommen? Dann bleiben Sie einfach ruhig stehen und warten, bis er sich etwas beruhigt hat. Nun sagen Sie »Sitz«. Bleibt er ein paar Momente sitzen, nennen Sie das Auflösungshörzeichen (→ Seite 32) und las-

sen die Leine fallen. Nach ein paar Tagen Training kann Ihr Hundekind die Übung auch ohne Helfer ausführen.

Rund um den Futternapf: Der Welpe soll tolerieren, dass Sie seinen Futternapf berühren oder diesen auch mal wegnehmen, während er frisst. Dazu gehen Sie ab und zu an den Napf und legen noch etwas Leckeres hinein – etwa ein Stück Wurst, Käse oder gekochtes Hühnchen.

Setzen Sie sich neben den Welpen auf den Boden und legen Sie die Hand ab und zu an den Napf. So lernt der Welpe, dass Ihre Nähe beim Fressen etwas Positives bedeutet und Sie ihm nicht seine Mahlzeit streitig machen wollen. Klappt das, nehmen Sie den Napf ab und an mal hoch, um etwas hineinzulegen oder einfach nur so. Tun Sie das, wie gesagt, aber nicht bei jeder Mahlzeit, sondern nur hin und wieder. Bewegen Sie sich dabei sicher und souverän. Auch das Tauschen eines Kauknochens oder etwas Ähnlichem gegen etwas Leckeres gehört zu diesem Komplex (→ Seite 49).

Ausflug in die Stadt

Jetzt wird es Zeit für einen richtigen Stadtausflug, aber nicht unbedingt zur Rushhour. Nehmen Sie sich währenddessen keine eigenen Erledigungen vor.

So klappt es: Packen Sie Leckerchen und/oder sein Lieblingsspielzeug ein sowie Tüten für die Beseitigung eventueller Häufchen. Die Mahlzeit, die vor dem Stadtausflug liegt, sollte etwas mager ausfallen, damit der Welpe hungrig ist. Denn sollte ihm eine Situation nicht so geheuer sein, sind Leckerchen oft nützlich.

Benutzen Sie öffentliche Verkehrsmittel? Dann machen Sie den Welpen gleich damit vertraut. Tragen Sie ihn beispielsweise bis zur Bus-Haltestelle. Motivieren Sie ihn mit Leckerchen zum Einsteigen. Bei der U- oder S-Bahn bleiben Sie

Halten Sie immer so viel Abstand zur Lärmquelle, dass der Welpe möglichst entspannt ist. So kann er sich daran gewöhnen.

zunächst eine Zeit lang an der Bahnstation, damit der Welpe sich daran gewöhnt. Aber nicht zu nahe am Bahnsteig, damit er nicht gleich erschrickt, wenn ein Zug einfährt. Sobald er entspannt ist, fahren Sie in die Stadt.

Spazieren Sie etwa durch die Fußgängerzone, gehen Sie in ein Einkaufszentrum und fahren Sie dort mit dem Lift. Hat er vor etwas Angst, vielleicht vor Straßenmusikanten, vergrößern Sie die Entfernung zu ihnen so weit, dass der Welpe die Reizquelle zwar noch wahrnimmt, sich aber nach und nach entspannt. Jetzt können Sie ihn mit einem Leckerchen belohnen und weitergehen. Oder mit ihm ein wenig näher an die Quelle seiner Angst herangehen.

Variante: Ist Ihr Welpe absolut gelassen, dann bauen Sie doch ein paar einfache Übungen in den Ausflug ein. Lassen Sie den Welpen zum Beispiel einmal sitzen oder geben Sie ihm das Signal »Schau« (→ unten). Da die Ablenkung bei diesem Ausflug recht hoch ist, fällt das »Sitz« usw. aber kürzer aus, als es ohne Ablenkung bereits klappt. Beenden Sie die Übung also früher.

Wichtig: Überfordern Sie den Welpen nicht. Etwa eine Stunde in der Stadt – eine Kaffeepause nicht eingerechnet – reicht aus. Die neuen Eindrücke haben den Kleinen müde gemacht. Zu Hause kann der Vierbeiner daher ein längeres Schläfchen in der geschlossenen Box einlegen.

Die Übung »Schau« unter Ablenkung

Ihr Welpe kann das »Schau« schon sehr gut, auch unter leichter Ablenkung. Nun steigern Sie die Ablenkung.

So klappt es: Sie stehen mit dem Welpen ein Stück vom Wegrand entfernt. Nicht weit von Ihnen kommt Ihnen ein Spaziergänger entgegen, den auch Ihr Welpe registriert. Sagen Sie nun »Schau«, wenn die Person noch relativ weit weg ist, damit Ihr Hund sich in diesem Moment problemlos

Bei Fuß über ein Hindernis bringt Abwechslung, fördert die Konzentration des Hundekindes und macht ihm Spaß.

Achten Sie darauf, dass Sie stets den ununterbrochenen Blickkontakt belohnen. Die Zeit also nicht zu lang ausdehnen.

TIPP

Der Welpe allein im Garten

Sie haben Ihren Garten sicherlich welpensicher gemacht (→ Seite 16). Dennoch sollten Sie den jungen Hund nicht allein draußen lassen. Das mag Ihnen zwar praktisch erscheinen, führt aber oft zu einer zu großen Eigenständigkeit des Welpen. Er sucht sich seine Beschäftigung dann selbst und erlebt dadurch, dass er draußen auch ohne Sie Spaß haben kann. Sie glauben gar nicht, was einem Welpen alles einfallen kann. Außerdem ist das für die Bindung nicht so ideal. Bedenken Sie außerdem, dass jemand den Welpen durch den Zaun hindurch ärgern oder mit was auch immer füttern könnte. So mancher Welpe wurde auch schon gestohlen.

auf Sie konzentriert. Halten Sie den Blickkontakt, idealerweise so lange, bis der Spaziergänger vorbeigegangen ist. Ist das noch zu lange, beenden Sie die Übung eher. Aber Achtung: Schließen Sie die Übung unbedingt dann ab, wenn der Blickkontakt des Welpen zu Ihnen noch konstant ist!

Die Übung »Bei Fuß« ausdehnen

Auf Seite 50 habe ich Ihnen die Übung »Bei Fuß« beschrieben. Nun dehnen Sie allmählich die Wegstrecken aus und variieren die Richtung.

So klappt es: Sie gehen wie gewohnt vor, aber eine längere Strecke mit demselben Leckerchen. Auch eine leichte Ablenkung können Sie schon einbauen. Außerdem gehen Sie jetzt mit dem Hundekind den einen oder anderen kleinen Kreis und Schlangenlinien. Passen Sie die Streckenlänge aber Ihrem Welpen an. Wenn er unkonzentriert läuft, am Boden schnüffelt oder sich immer wieder von Ihnen abwendet, ist es ihm zu viel oder die Ablenkung ist zu hoch.

Variante: Immer in der Ebene auf und ab zu gehen ist für Mensch und Hund langweilig. Deshalb bauen Sie nun ab und zu kleine Hindernisse ein. Suchen Sie sich einen relativ dünnen, aber stabil am Boden liegenden Baumstamm. Beginnen Sie mit dem Bei-Fuß-Gehen einige Meter vor dem Baumstamm, damit der Welpe gut auf Sie konzentriert ist. Läuft er am Leckerchen in Ihrer Hand schön mit, nehmen Sie Kurs auf den Baumstamm, steigen langsam darüber und führen den Welpen über das Leckerchen mit. In dem Moment, in dem Sie auf den Baumstamm steigen, wiederholen Sie das Signal »Fuß«. Der kleine Vierbeiner soll nicht vorausspringen, sondern schön dicht an Ihrem Bein bleiben. Er muss bei dieser Übung schon bewusster darauf achten, an Ihrer Seite zu bleiben.

Die Übung »Platz« ausdehnen

Wie die Übung »Platz« trainiert wird, finden Sie auf Seite 42. Nun dehnen Sie das Platz zeitlich aus.

So klappt es: Liegt der Welpe, bekommt er den Happen ab sofort nicht mehr gleich, sondern erst wenn er eine Zeit lang liegen geblieben ist und nicht nach dem Leckerchen in Ihrer Hand bohrt. Anfangs reichen ein paar Sekunden, allmählich verlängern Sie die Zeitspanne auf etwa eine halbe Minute oder auch mehr. Verlangen Sie aber nicht zu viel.

Auch das Belohnen ändern Sie jetzt. Nehmen Sie wie gewohnt ein Leckerchen in die eine Hand, ein weiteres unbemerkt in die andere, die Sie hinter Ihrem Rücken verstecken. Sagen Sie nun »Platz« und lassen Sie den Hund ein paar Momente liegen. Dann geben Sie ihm aber den Happen aus der »versteckten« Hand. Legt sich der Welpe bereitwillig ins Platz, wenn er aus der »versteckten« Hand etwas bekommt, lassen Sie die andere Hand ab sofort leer. Die Handbewegung der »leeren« Hand für das »Platz« bleibt als Sichtzeichen. So erreichen Sie, dass der Welpe sich nicht nur dann ins Platz legt, wenn Sie ein Leckerchen in der Hand haben. Das ist wichtig.

Erkundungsausflug in die Natur

Ausflüge führen den Welpen auch in die Natur. Erfahrungen dieser Art sind in der Sozialisierungsphase sehr sinnvoll. Hier gibt es viel zu entdecken und so manches kleine Abenteuer zu überstehen. Gemeinsame Unternehmungen stärken außerdem die Bindung.

So klappt es: Bringen Sie den Welpen in eine »Abenteuergegend«. Das kann ein Wald sein, hohes Gras, ein kleines Rinnsal mit einem Steg darüber usw.

▶ Machen Sie beispielsweise zunächst einen Bindungsspaziergang durch hohes Gras oder Gestrüpp.

▶ Nach einem gemeinsamen Päuschen motivieren Sie den Welpen mit Leckerchen, zum Beispiel über einen nicht zu schmalen, aber niedrigen Baumstamm zu balancieren, auf einen Baumstumpf zu krabbeln oder durch ein Bächlein zu laufen. Ein Fußgängersteg über einen Bach, bei dem man ein wenig durch die Bretter sieht, ist für das Hundekind bereits ein kleines Abenteuer.

▶ Bei leichter Skepsis macht auch hier das verführerische Häppchen Mut. Zwingen Sie den Welpen aber nicht, wenn er sich gar nicht traut. Versuchen Sie es vielleicht zu einem späteren Zeitpunkt mit einem besonders leckeren Happen für Ihren kleinen Vierbeiner erneut.

Wichtig: Dosieren Sie die Ausflüge, damit der Welpe nicht überfordert wird. Steht eine größere Aktion auf Ihrem Programm, dann sollte nichts Aufregendes mehr an diesem Tag dazukommen. Also nicht etwa am Vormittag einen Stadtausflug machen und nachmittags noch ein Abenteuerausflug anschließen. Der Welpe braucht auch genügend Ruhepausen und Zeit, die Eindrücke und das Gelernte zu verarbeiten.

Ausflüge in die Natur bieten Zwei- und Vierbeiner viele gemeinsame interessante Erlebnisse.

Übung **1** Der Welpe ist unterwegs abgelenkt.

Übung **2** Jetzt schaut er zu Ihnen.

Die Übung »Hier« im Freien

Klappt das Kommen auf Ruf oder Pfiff in der Wohnung problemlos, wird die Übung nun erstmals ins Freie verlegt. Gut ist es, wenn Sie einen Garten haben. Der Welpe ist so zwar im Freien und nimmt andere Gerüche und Geräusche wahr, aber es kann nicht unvorhergesehen ein fremder Hund vorbeikommen oder ein Spaziergänger ihn locken.

So klappt es: Gehen Sie in den Garten und bleiben Sie mehrere Meter von der Terrassentür entfernt stehen. Jemand aus der Familie hält den Welpen im Zimmer am Halsband fest. Aber so, dass er sieht, dass Sie in den Garten gehen. Nun rufen Sie ihn, und der Welpe darf starten! Bei Ihnen angekommen, erhält er seine Belohnung. Danach leinen Sie ihn an oder schicken ihn mit dem Auflösungshörzeichen wieder weg. Üben Sie auch umgekehrt – der Welpe ist im Garten, Sie gehen ins Haus. Klappt das einige Male super, können Sie auf den Helfer verzichten. Der Welpe sollte dann aber nicht gerade intensiv mit etwas anderem beschäftigt sein, wenn Sie ihn rufen.

Variante für unterwegs: Klappt das »Hier« im Garten – oder wenn Sie keinen Garten haben –, dann üben Sie unterwegs, zum Beispiel während eines Erkundungsausfluges.

▶ Warten Sie einen Moment ab, in dem Ihr Welpe nicht abgelenkt ist und Sie drei, vier Meter von ihm entfernt sind.

▶ Wenn er nicht gerade zufällig auf Sie schaut, dann machen Sie ihn mit einem kurzen spannenden Geräusch (Zungenschnalzen oder Ähnliches) auf sich aufmerksam.

▶ Wie schätzen Sie Ihren kleinen Vierbeiner ein? Wird er sofort kommen? Nur dann rufen Sie »Hier«. Gleichzeitig entfernen Sie sich ein Stück. Denn bewegen Sie sich vom Hund weg, animiert ihn das zu kommen. Je zügiger Sie das tun, umso schneller wird er Ihnen folgen.

Ihr Welpe kommt stets sofort und ohne Zögern? Sehr schön. Dann können Sie es auch schon unter Ablenkung versuchen. Also wenn er zum Beispiel gerade am Schnüffeln ist oder mit etwas spielt. Haben Sie aber auch nur kleinste Bedenken, ob der Welpe auch wirklich sofort kommt, dann gehen Sie auf Nummer sicher. Machen Sie ihn auf sich aufmerksam, und ver-

Übung 3 Sie rufen und laufen gleichzeitig weg.

Übung 4 Ist er ganz nah, gehen Sie in die Hocke.

mitteln Sie Ihrem Welpen durch Ihre spannende Stimme und ohne das Signal »Hier«, dass er etwas ganz Tolles versäumt, wenn er nicht gleich zu Ihnen kommt.

Wie sehr Sie sich dabei engagieren müssen, finden Sie am besten durch Ausprobieren heraus. Ihr flottes Weglaufen beschleunigt den Welpen auch hier zusätzlich. Ist er im Kommen, beobachten Sie ihn gut. Erst wenn er ganz gezielt Kurs auf Sie genommen hat und nur noch zwei, drei Meter entfernt von Ihnen ist, kommt ein lang gezogenes »Hiieeer« von Ihnen – und natürlich die Belohnung und das Lob, wenn er angekommen ist. Vergessen Sie nicht, den Welpen kurz – aber ohne Hektik – festzuhalten und ihn bewusst wieder wegzuschicken oder anzuleinen. Bleiben Sie konzentriert! Der Welpe soll sich nicht nur sein Leckerchen schnappen und weiterlaufen.

Belohnungsalternative: Sie kennen Ihren Welpen nun ja schon sehr gut. Bestimmt wissen Sie inzwischen, ob und welches Häppchen für ihn ein Highlight ist oder ob er leidenschaftlich gern mit Ihnen spielt. Liebt er zum Beispiel das Spiel besonders, dann holen Sie das Spielzeug hervor, wenn Sie ihn

rufen. Ist er bei Ihnen, beginnt gleich ein lustiges Zerrspiel. Falls er gern seinen Ball zu Ihnen bringt, werfen Sie diesen ab und zu zwischen Ihren Beinen hindurch nach hinten, wenn der Welpe angerast kommt. Er darf dann sofort durchstarten und den Ball fangen und wieder zu Ihnen bringen.

Bitte beachten: Auch wenn es verlockend ist, verwenden Sie das Signal »Hier« keinesfalls, wenn Sie nicht absolut sicher sind, dass der Welpe auf dem Absatz kehrtmacht und auf direktem Weg und schnell zu Ihnen kommt.

Sie wissen ja, alles was der kleine Hund in diesen Wochen erlebt, bleibt sehr nachhaltig in seinem Gehirn gespeichert. Rufen Sie nämlich »Hier«, und der Vierbeiner biegt beispielsweise zu einem Mauseloch ab oder wird auf andere Weise abgelenkt, lernt er, dass das Signal »Hier« für ihn nicht immer eine Bedeutung hat. Wenn das öfter passiert, können Sie sich sicher gut vorstellen, dass sich auf diese Weise das Kommen nicht wirklich bei Ihrem Hundekind festigen kann.

Setzen Sie daher das Hörzeichen lieber zu wenig als zu viel und vor allem überlegt ein.

Übung **1** Er ist nicht an Ihrer Seite.

Übung **2** So führen Sie ihn dorthin.

Übung **3** Fast da, kommt Ihr »Fuß«.

Die Grundstellung

Das Hörzeichen »Fuß« bedeutet für den Hund, sich an Ihrer Seite aufzuhalten – gleich ob Sie gehen, stehen bleiben oder laufen. Wenn Sie Ihren Vierbeiner später bei Fuß gehen lassen und dabei stehen bleiben müssen, sitzt Ihr Hund am besten direkt an Ihrer Seite, nicht etwa schief neben Ihnen oder vor Ihnen. Müssen Sie nämlich beispielsweise an einer roten Ampel warten, sitzt der Hund womöglich auf der Straße oder im Weg, falls er nicht gelernt hat, an Ihrer Seite zu bleiben.

So klappt es: Wie bekommen Sie ihn nun zuverlässig an Ihre Seite? Angenommen, Sie haben den angeleinten Welpen bei sich, und er befindet sich ein Stück vor Ihnen. Sie führen ihn zum Beispiel links bei Fuß. Halten Sie ihm ein Leckerchen mit der linken Hand vor die Nase und locken Sie ihn damit in

einem Bogen von außen nach innen an Ihre linke Seite. Er geht also zunächst ein Stück nach hinten und Ihnen entgegen bis auf Ihre Höhe, dann lenken Sie ihn nach innen und etwas von hinten an Ihre Seite. Eventuell gehen Sie dazu einen Schritt nach vorn. Erst in dem Moment, in dem er von hinten an Ihre Seite kommt, sagen Sie »Fuß«. Ist er in der richtigen Position, sagen Sie »Sitz«. Dabei nehmen Sie die Hand, wenn nötig, nach oben und etwas zurück. Der Kleine setzt sich und bekommt sein Häppchen. Auch in dieser Grundstellung soll Ihr Welpe allmählich längere Zeit sitzen bleiben.

Variante: Befindet sich der Welpe hinter Ihnen, rangieren Sie ihn einfach mit einem Leckerchen vor seiner Nase an Ihre Seite. Erst kurz bevor er auf Ihrer Höhe ist, sagen Sie »Fuß«.

Wichtig: Verwenden Sie statt des konkreten »Fuß« keinesfalls Begriffe wie etwa »Hierher" oder »Da komm her« etc.

Die Übung »Bleib«

Sobald Ihr Welpe eine Zeit lang ruhig an Ihrer Seite sitzen kann, ist er gelassen genug, um das »Bleib« zu lernen. Das Hundekind soll an einer bestimmten Stelle sitzen (später auch liegen) bleiben, während Sie ein Stück entfernt sind. Beginnen Sie die Übung gegen Ende der Woche, nachdem Sie die Grundstellung mit längerem Sitzen ein paar Tage geübt haben.

So klappt es: Bringen Sie Ihren Welpen in die Grundstellung – er sitzt also dicht an Ihrer Seite, an der Sie ihn auch bei Fuß führen. Sie haben kein Leckerchen in der Hand. Damit würden Sie dem Welpen die Übung unnötig schwer machen, da ihn das Leckerchen magisch anzieht. Beim »Bleib« ist das kontraproduktiv. Machen Sie den Vierbeiner kurz, aber nicht zu spannend auf sich aufmerksam, sodass er registriert, dass sich jetzt etwas tut. Für diese Übung brauchen Sie nämlich einen ruhigen Hund. Nun sagen Sie »Bleib« und stellen sich direkt vor den Welpen. Die Leine, die locker durchhängt, behalten Sie in der Hand. Wenn Sie direkt vor dem Hundekind stehen, kann es nicht aufstehen und zu Ihnen kommen und wird auch nicht seitlich vorbeiwollen. Die Übung klappt also mit hoher Wahrscheinlichkeit gleich am Anfang. Das ist gut für den Lernerfolg. Bleiben Sie nur ein, zwei Sekunden stehen. Jetzt gehen Sie wieder an die Seite des Welpen. Loben Sie ihn auf ruhige Art mit der Stimme und mit sanftem Streicheln. Lösen Sie dann die Übung auf. In den nächsten Tagen dehnen Sie die Zeit allmählich aus. Sie bleiben also ein wenig länger vor dem Welpen stehen. Aber immer nur so lange, dass er ruhig und entspannt sitzen bleibt. Den Abstand dehnen Sie noch nicht aus. Sie stehen also noch immer direkt vor dem Hund.

Übung 1   **Der Welpe sitzt ruhig an Ihrer Seite.**

Übung 2   **Mit »Bleib« stellen Sie sich vor ihn.**

Was tun, wenn es Probleme gibt?

Gerade in den ersten Wochen mit dem neuen Familienzuwachs ergeben sich manchmal kleine Probleme, die aber leicht lösbar sind. Hier eine Auswahl der häufigsten Anfangsschwierigkeiten mit dem Hundekind.

Der Welpe löst sich nur drinnen

Situation

Ich bin mit dem Welpen draußen, er spielt mit mir, läuft umher, aber er löst sich nicht. Sobald wir aber im Haus sind, passiert das Malheur.

Ursache und Abhilfe

▶ Manche Welpen sind durch neue Eindrücke oft sehr abgelenkt und vergessen glatt, dass sie »müssen«. In der gewohnten Umgebung und ohne Ablenkung wird das Bedürfnis dann plötzlich dringend.

▶ Bringen Sie den Kleinen deshalb beispielsweise im Garten immer an dieselbe Stelle, bevor Sie ins Haus gehen.

▶ Oder behalten Sie den Welpen, im Haus angekommen, besonders gut im Auge und setzen Sie ihn bei »verdächtigem« Verhalten gleich wieder hinaus.

Der Welpe will nicht von zu Hause weg

Situation

Mein Hundekind weigert sich beharrlich, seine gewohnte Umgebung zu verlassen. Wie kann ich ihm Mut machen?

Ursache und Abhilfe

▶ In der Natur sagt sein Instinkt dem Welpen, sich nicht zu weit vom Bau zu entfernen, damit er sich bei drohender Gefahr rasch in Sicherheit bringen kann. Deshalb entwickeln Welpen anfangs eine individuell unterschiedlich starke Ortsbindung. Das gibt sich mit der Zeit von selbst.

▶ Versuchen Sie nicht, ihn an der Leine zu locken oder zu ziehen, auch nicht ohne Leine. Am besten fahren Sie oder tragen ihn vom Haus weg. Aber so weit, dass er keine Verbindung mehr hat und nicht heimlaufen kann.

Der Welpe frisst nicht

Situation

Unser Welpe lebt jetzt schon einige Tage bei uns, aber er will partout nicht fressen. Was kann ich tun?

Ursache und Abhilfe

▶ Wenn Sie den Welpen zu sich holen, ändert sich sein Leben innerhalb kürzester Zeit komplett. Viele Welpen stecken diese Umstellung problemlos weg und fressen von Anfang an mit Riesenappetit. Manche sind sensibler und brauchen Zeit, um sich auf ihr neues Umfeld einzustellen.

Das zeigt sich dann in mangelndem Appetit. Wenn der Welpe ansonsten fröhlich und munter ist, besteht kein Grund zur Sorge, und Sie müssen ihm sein Futter auch nicht schmackhaft machen. Der Kleine verhungert nicht.

▶ Nehmen Sie das Futter nach ein paar Minuten weg und bieten Sie ihm seinen Napf zur nächsten Fütterungszeit wieder an. Nach ein paar Tagen wird er sich eingewöhnt haben und wieder normal fressen.

Der Welpe verteidigt sein Futter

Situation

Unser vierbeiniger Dreikäsehoch knurrt am Futternapf. Wie kann ich ihm das abgewöhnen?

Ursache und Abhilfe

Falsch wäre es jetzt, wegzugehen und den Hund fressen zu lassen. Er darf mit seinem Verhalten keinen Erfolg haben. Führen Sie unbedingt ein, dass der Welpe vor dem vollen Napf warten muss. Eventuell erledigt sich das Problem dadurch schon. Wenn nicht, machen Sie Folgendes:

▶ Stellen Sie den leeren Napf auf den Boden und legen Sie wenige Futterbröckchen hinein. Dann gehen Sie weg.

▶ Ist der Welpe fertig, kommen Sie zurück, legen wieder nur ein paar Bröckchen hinein und gehen. Machen Sie das so oft, bis die Ration verfüttert ist.

▶ Bleibt der Welpe entspannt, machen Sie die Übung wie vorher beschrieben, heben aber den Napf jedes Mal hoch, um etwas hineinzutun. Der Welpe verknüpft so Ihr Kommen mit dem Füttern.

▶ Klappt auch das, setzen Sie sich neben den Napf und legen mit einer Hand immer wieder ein paar Brocken hinein. Bleibt der Welpe auch jetzt entspannt, machen Sie so

weiter, wie auf Seite 53 beschrieben. Letztlich sollten Sie problemlos neben dem fressenden Welpen stehen und sich bewegen können. Verteidigt er Knabberstangen oder Ähnliches, üben Sie das Auslassen zunächst mit etwas, das für ihn unwichtiger ist, etwa einem Spielzeug. Für ihn »wichtige« Dinge bekommt er in dieser Zeit nicht.

Der Welpe läuft beim Kommen auf Ruf vorbei

Situation

Unser Welpe schnappt sich einfach sein Leckerchen und startet durch, oder er interessiert sich nicht für sein Leckerchen. Wie können wir sein Verhalten beeinflussen?

Ursache und Abhilfe

▶ Versuchen Sie vielleicht den Welpen zu greifen? Dann weicht er erst recht aus. Oder sind Sie zu passiv in Stimme und Körpersprache, wenn der Kleine da ist?

▶ Achten Sie darauf, dass die »mentale« Verbindung zwischen Ihnen und Ihrem Welpen nicht abreißt, während er zu Ihnen unterwegs ist und bis Sie ihn angeleint haben oder nach kurzem Festhalten wieder wegschicken.

▶ Außerdem kann ein dünnes Seil von etwa eineinhalb Meter Länge helfen. Lassen Sie es am Halsband des Welpen hängen. Sobald er da ist und sein Häppchen frisst, nehmen Sie mit der Hand das Ende des Seils auf oder treten mit dem Fuß darauf. So können Sie sich stressfrei auf Ihre Körpersprache und Stimme konzentrieren. Hat der Welpe dann über eine Zeit lang erlebt, dass Ausbüxen unmöglich ist, wird er es lassen.

▶ Überlegen Sie, ob der Happen interessant genug ist. Bieten Sie ihm für das Kommen besondere Leckerbissen.

Das Programm für die fünfte Woche

Ihr Hundekind ist nun bereits sehr vertraut mit Ihrem Alltag und mit seiner Umwelt. Sicherlich passt es sich auch schon gut Ihrem Tagesablauf an. Auch die Bindung an Sie ist auf einem guten Weg. Noch immer gibt es viel zu lernen. Aber jetzt ist Ihnen der richtige Umgang mit dem Welpen deutlich klarer, und Sie haben schon ein wenig Routine darin.

Das richtige Maß an Zuwendung

Auch wenn der Welpe unwiderstehlich aussieht und zum Dauerknuddeln verführt – man sollte sich beherrschen. Denn zu viel Zuwendung führt dazu, dass der Welpe zu »satt« und womöglich sogar froh ist, wenn ihn niemand streichelt und knuddelt. Sie können sich gewiss vorstellen, dass darunter die Bindung Ihres Hundes an Sie leidet – Sie werden ihm zu viel. Außerdem verliert das Streicheln als gezieltes Lob etwa für erwünschtes Verhalten seine Bedeutung. Bemühen Sie sich, im täglichen Zusammenleben an Ihrem Welpen vorbeizugehen, ohne ihn jedes Mal anzufassen, anzusprechen oder anzuschauen. Das gilt natürlich auch für den Rest der Familie und für Besucher.

Der Welpe und andere Heimtiere

Leben in Ihrem Haushalt noch andere Heimtiere? Kleinsäuger und Vögel gehören eigentlich zum Beuteschema eines hundeartigen Vierbeiners. Deshalb haben solche Tiere eher Angst vor Hunden. Bewegen sich die Tiere, wecken sie im Hund Beute- und Jagdinstinkt und können auch schon den Welpen animieren, sie mehr oder weniger spielerisch zu jagen. Sind Meerschweinchen & Co. jedoch im Käfig oder im gesicherten Freigehege, können sich beide Seiten aneinander gewöhnen, ohne dass der eine dem anderen zu nahe kommt. Falls die Kleintiere leicht unter Stress geraten, sorgen Sie für genügend Abstand des Welpen zum Käfig.

Mit Katzen ist es schwieriger, da man sie wenig beeinflussen kann. Manche Katzen haben gar keine Probleme mit Welpen, andere haben Angst oder halten den jungen Hund bewusst auf Abstand. Beobachten Sie Ihre Vierbeiner. Wenn sie sich langsam annähern, ist alles in Ordnung. Ist der Welpe zu stürmisch oder will er die Katze jagen, greifen Sie ein, sobald er mit dem unerwünschten Verhalten beginnt (→ Seite 52 und Seite 70). Schaffen Sie Rückzugsmöglichkeiten für die Katze und verlegen Sie auch ihren Futterplatz in einen für den Welpen unzugänglichen Bereich. Zum einen deshalb, damit die Katze in Ruhe fressen kann, zum anderen aber auch, weil Katzenfutter auf die meisten Hunde eine unwiderstehliche Anziehungskraft ausübt.

Spielen gezielt einsetzen

Durch den gezielten Einsatz von Spielzeug ist Ihr Welpe sicher voller Erwartung, wenn Sie sein Lieblingsspielzeug aus dem Schrank holen, und spielt begeistert mit Ihnen. Jetzt ist es Zeit, sich auch unterwegs damit zu beschäftigen.

So klappt es: Der Welpe sollte zuschauen, wenn Sie das Spielzeug einpacken. Durch eine interessante Stimme können Sie das noch spannender wirken lassen. Wenn Sie nun beispielsweise am Ende des Bindungsspaziergangs sind, ziehen Sie das Spielzeug aus der Tasche und fordern Ihren Welpen wie gewohnt auf. Sein Interesse am gemeinsamen Spiel sollte jetzt stärker sein als das an der Umgebung. Beenden Sie das Spiel auch hier, solange der Welpe noch voller Elan mitspielt. Übrigens – loben müssen Sie ihn für das Spielen nicht, Spielen ist selbstbelohnend.

Variante: Geht der Welpe auch draußen begeistert auf Ihre Spielaufforderung ein, dann setzen Sie sie doch einmal gezielt ein, um ihn von etwas anderem abzulenken. Wenn Sie unterwegs in einiger Entfernung beispielsweise Krähen auf der Wiese sitzen sehen oder in einem Bach Enten schwimmen und der Welpe diese Tiere wahrgenommen hat, wäre das eine gute Übungssituation.

Ziehen Sie das Spielzeug aus der Tasche und machen Sie ihn mit »Schau« oder Ihrem Spielsignal auf sich aufmerksam. Sobald er auf Sie blickt, bewegen Sie sich ein wenig rückwärts, und zwar in die den Vögeln entgegengesetzte Richtung, und fordern ihn zum Spiel auf. So lernt er, dass es bei Ihnen immer am interessantesten ist. Anschließend nehmen Sie den Kleinen an die Leine und gehen weiter.

Der Bindungsspaziergang mit Hundebegegnung

Ihr Welpe hält gut Anschluss und lässt Sie nicht aus den Augen. Sie haben bisher ohne Ablenkung geübt, aber wahrscheinlich kommen Sie in die eine oder andere Situation, in der ungewollt Ablenkung auftaucht. Wie beispielsweise ein anderer Hundebesitzer. Kehren Sie auch in dieser Situation um 180 Grad und ohne etwas zu sagen um.

Stundenplan

Themen rund um die fünfte Woche

Das richtige Maß an Zuwendung
Der Welpe und andere Heimtiere

Übungen	Wie oft?
Spielen gezielt einsetzen	mehrmals pro Woche
Bindungsspaziergang mit Hundebegegnung	wenn nötig 2–3-mal pro Woche oder wenn erforderlich
»Auslassen«	1-mal täglich zu den »Platz«-Übungen
»Platz« unter leichter Ablenkung	2-mal täglich
»Bleib« – Distanz ausbauen	täglich
»Hier« mit erstem »Sitz«	wie Sie möchten
Abbruchsignal konditionieren	mehrmals täglich an ca. drei aufeinanderfolgenden Tagen

Tun Sie das, wenn Sie noch relativ weit von der Ablenkung entfernt sind und bevor Ihr Welpe gegebenenfalls vorausläuft. Gehen Sie dann in einem größeren Bogen an der Ablenkung vorbei. Klappt das, können Sie wirklich stolz sein! Ist die Ablenkung schon zu nahe, entscheiden Sie je nach Situation. Läuft der andere Hund frei und konnten Sie abchecken, dass er eher ruhig, freundlich oder desinteressiert ist, dann gehen Sie ohne etwas zu sagen einfach weiter. Ihr Welpe hat ja schon gelernt, dass er von sich aus darauf achten muss, wohin Sie gehen. Daher wird er hoffentlich auch jetzt flugs hinterherkommen. Wenn das funktioniert, dann ist das ein wirklich toller Erfolg!

Sind Sie sich unsicher, unterbrechen Sie den Bindungsspaziergang und leinen den Welpen an. Später, wenn das Gelernte sitzt, können Sie natürlich auch einmal stehen bleiben und entspannt zusehen, während Ihr Hund mit einem anderen Kontakt aufnimmt oder spielt. Machen Sie das jedoch schon jetzt immer wieder, lernt er, dass er nicht nach Ihnen schauen muss. Übrigens – der Bindungsspaziergang darf jetzt nun bereits 10 bis 15 Minuten dauern.

Die Übung »Auslassen« verändern

Sie haben dem Welpen beigebracht, dass er Ihnen im Tausch sein Spielzeug, seine Knabberstange usw. abgeben soll. So hat er das »Aus« positiv gelernt (→ Seite 49). Aber er soll Ihnen natürlich nicht das gesamte Hundeleben lang etwas nur im Tausch überlassen. Deshalb verändern Sie die Übung jetzt ein wenig.

So klappt es: Bei einem Zerrspiel hören Sie zwischendurch auf, aktiv zu ziehen, halten das Spielzeug aber fest. Halten Sie in der Bewegung inne. So mancher Hund lässt nun von sich aus los. Falls nicht, sagen Sie in verbindlichem Ton Ihr Hörzeichen. Spätestens jetzt sollte der Welpe loslassen. Tut er das, dann können Sie nach ein paar Momenten zur Belohnung das Spiel fortsetzen oder ihm einen Happen geben. Den holen Sie aber erst jetzt aus der Tasche. Auch jeden anderen Gegenstand, ob Kaustange usw., sollte er Ihnen nun auf Ihre Aufforderung hin ohne Murren überlassen. Wenn Sie das ab und zu üben, können Sie ihm, wie beim Spiel, danach eine Belohnung geben. Die Betonung liegt auch hier auf »danach«, denn ausschlaggebend für sein Verhalten sollten das gelernte Hörzeichen und Ihre Souveränität sein.

Manche Hundehalter fragen sich, ob es überhaupt nötig ist, dem Hund etwas wegnehmen zu können. Eindeutig ja, denn er könnte auch einmal etwas für ihn Gefährliches finden. Oder er bekommt später einmal einen größeren Knochen, den er nicht auf einmal abnagen soll. In solchen Situationen müssen Sie ihm diese Dinge abnehmen können, ohne dass der Hund Ihnen durch Knurren oder gar Schnappen droht.

Wichtig: Wenn Sie dem Vierbeiner etwas wegnehmen, sollten Sie sich weder drohend noch zögerlich verhalten. Aber auf jeden Fall sicher, ruhig und souverän. So wirken Sie auf Ihren Hund klar und überzeugend.

Ein reizvolles Spiel mit Ihnen bietet dem Welpen eine lohnenswerte Alternative zum Jagen der Enten. Reagieren Sie rechtzeitig!

Die Übung »Platz« unter leichter Ablenkung

Ihr Welpe legt sich auf Ihr Handzeichen hin ins Platz und bleibt so lange liegen, bis Sie ihm das begehrte Leckerchen geben (→ Seite 42).

So klappt es: Jetzt trainieren Sie die Übung auch in Situationen mit leichter Ablenkung. Das kann bei Ihnen zu Hause, aber auch unterwegs sein. Legen Sie den kleinen Vierbeiner beispielsweise am Ende eines Abenteuer- oder Bindungsspaziergangs ein Stück abseits vom Weg für einige Momente neben sich ins Platz, während sich ein paar Spaziergänger in der Nähe befinden.

Der Welpe bleibt nicht liegen?

Bleibt Ihr Hundekind nur einen kurzen Moment oder gar nicht liegen? Dann ist die Ablenkung noch zu groß. Verschieben Sie die Übung auf später. Oder bleibt er generell noch nicht wirklich liegen? Dann geben Sie ihm seine Belohnung vielleicht immer noch in dem Moment, in dem er die Platz-Position eingenommen hat.

Wenn Sie aber möchten, dass der Welpe länger liegen bleibt, dürfen Sie ihn auch erst am Ende dieser Zeit belohnen. Bleibt er trotzdem nicht liegen? Dann üben Sie in völlig langweiliger, ruhiger Umgebung ohne jegliche Alternative. Also am besten in einem Zimmer, da ist auch der Boden langweilig. Trainieren Sie mit dem kleinen Vierbeiner an der Leine und wenn er richtig hungrig ist. Die Happen liegen etwas abseits zum Beispiel auf dem Tisch. Sagen Sie nun »Platz« und warten Sie. Erst wenn der Welpe sich hinlegt und einige Momente liegen bleibt, gibt es eine Belohnung – aber der Kleine muss unbedingt liegen! Legen Sie das Häppchen rasch zwischen seine Vorderpfoten oder geben Sie es ihm dort direkt aus der Hand.

Steigern Sie die Ablenkung langsam, und wählen Sie den Abstand zur Ablenkung so, dass Ihr Hundekind sicher liegen bleibt.

Mit etwas Geduld werden sich Welpe und andere Heimtiere aneinander gewöhnen. Achten Sie darauf, dass keiner überfordert wird.

Übung **1** Gehen Sie souverän vorwärts weg.

Übung **2** Mit lockerer Leine stehen bleiben.

»Bleib« – Distanz ausbauen

Die erste Stufe der Übung »Bleib« im Sitzen beherrscht Ihr Vierbeiner inzwischen (→ Seite 61). Wenn Sie relativ dicht vor ihm stehen, bleibt er mindestens bis zu einer halben Minute ruhig sitzen. Sie beenden die Übung aber immer, bevor er aufsteht. Jetzt bauen wir das Bleiben aus.

So klappt es: Zum Einstieg machen Sie die Übung einmal auf bisherigem Niveau. Wenn Sie wieder an der Seite des Hundes stehen und er entspannt neben Ihnen sitzt, sagen Sie erneut »Bleib«, gehen nun ein Stück weiter von ihm weg und drehen sich wieder zu ihm. Auch jetzt bleiben Sie wieder einige Momente stehen. Aber, je nachdem wie Ihr Hund reagiert, zunächst weniger lang als bei der bisherigen geringeren Distanz. Im Lauf der Woche dehnen Sie die Zeit aus. Bleibt der Welpe gelassen, dehnen Sie die Entfernung wieder ein wenig aus. Aber nicht zu weit, etwa ein Meter reicht erst einmal. Die Leine können Sie nach wie vor in der Hand behalten. Aber sie muss locker durchhängen, damit kein Zug in Ihre Richtung entsteht. Kommt der Welpe allerdings trotzdem zu Ihnen, war die Zeit zu lang oder die Entfernung zu groß.

Bitte beachten: Am besten ist es, wenn Sie zum Hund zurückgehen, solange er noch entspannt sitzt. Erkennen Sie aber rechtzeitig, dass die Übung »wackelt«, können Sie das Bleiben auch dann noch erfolgreich beenden. Gehen Sie also zum Welpen zurück, wenn er sich die Schnauze leckt, sich kratzt oder eine gespannte, erwartungsvolle Körperhaltung einnimmt. Wiederholen Sie die Übung dann auf einfacherem Niveau.

Wichtig: Sollte der Welpe aufstehen, sprechen Sie ihn nicht mit seinem Namen an. Denn dann kommt er wahrscheinlich erst recht zu Ihnen. Beginnen Sie die Übung von vorne und setzen Sie den Hund wieder an die gleiche Stelle.

»Hier« mit erstem »Sitz«

Ihr Vierbeiner kommt auf Ruf und beherrscht das Sitzen (→ Seite 26 und Seite 28). Jetzt kombinieren wir beides. So haben Sie den Vierbeiner gut im Blick und unter Kontrolle. Das ist nicht selten auch für seine Sicherheit von Vorteil.

So klappt es: Üben Sie zunächst im Haus und ohne Ablenkung. Rufen Sie Ihren Welpen zu sich und geben Sie ihm wie gewohnt seine Belohnung für das Kommen. Anschließend sagen Sie »Sitz«. Sobald er sitzt, warten Sie ein paar Momente, dann gibt es anfangs auch dafür eine Belohnung. Und jetzt nicht vergessen – die Übung wieder auflösen.

Lösen Sie das Sitzen auch auf, wenn Sie Ihren Welpen nur anleinen und keine weitere Übung direkt anschließen – am besten geben Sie das Hörzeichen nach dem Anleinen.

Bitte beachten: Hier ist gut getimtes Umschalten von motivierender Stimme beim »Hier« auf Ruhe in der Stimme für das anschließende Sitzen gefragt. Ruhe heißt aber nicht Passivität. Bleiben Sie auf den Welpen konzentriert, wenn er bei Ihnen ist. Lassen Sie ihn in Ruhe sein Leckerchen aus Ihrer Hand fressen. Direkt danach kommt ohne Hektik Ihr Signal »Sitz«. Denn zu viel »Luft« zwischen den Übungsstufen verschafft dem Welpen schon wieder Zeit, etwas anderes zu tun.

Wichtig: Belohnen Sie den Welpen vor dem Sitzen für das Kommen. Denn das ist immer noch ein wichtiger Schwerpunkt, den es zu bestärken gilt! Bekommt der Hund erst nach dem Sitzen einen Happen, ist das Kommen zeitlich schon zu lange her, und das »Sitz« ist auch noch dazwischen. Üben Sie wie beschrieben, setzt sich der Welpe eines Tages von selbst, wenn er bei Ihnen angekommen ist. Dann reicht ein Happen.

Übung 1 Er wird zuerst für das Kommen belohnt.

Übung 2 Erst dann lassen Sie ihn sitzen.

Schritt 1 Der Welpe will den Happen nehmen.

Schritt 2 »Stopp«. Frustriert sieht er auf die Hand.

Abbruchsignal konditionieren

Auf Seite 7 haben Sie gelesen, wie Sie Ihrem Hund durch Ihre Körpersprache mitteilen können, dass Sie ein Verhalten nicht gutheißen. Eine andere Möglichkeit ist, dem Hund ein »emotionsloses« Abbruchsignal beizubringen. Das Signal, zum Beispiel »Stopp«, wird mit einem negativen Erlebnis verknüpft. Der Hund ist frustriert und bricht sein Verhalten ab. Dafür wiederum wird er dann belohnt. Nach erfolgreicher Konditionierung stellt sich bei »Stopp« Frustration ein, und der Hund hört mit dem auf, was er gerade tut.

So klappt es: Halten Sie eine Portion Leckerchen bereit. Nun geben Sie dem Welpen einige Male nacheinander je eines aus der offenen Hand. Dann legen Sie noch mal ein Leckerchen in die offene Hand, schließen die Hand aber in dem Moment, in dem der Vierbeiner den Happen nehmen möchte, und sagen gleichzeitig »Stopp«. Wie verhält sich Ihr Welpe jetzt? Ist er frustriert und blickt völlig ratlos in die Welt? Das ist das Ziel der Übung – das »Stopp« wird mit seiner frustrierten Stimmungs-lage verknüpft. Nun geben Sie ihm eine Belohnung aus der anderen Hand. Zeigt sich Ihr kleiner Vierbeiner jedoch hartnäckig und bohrt in Ihrer Hand weiter nach dem Happen, lassen Sie diese einfach geschlossen und warten ab. Irgendwann wird der Welpe aufhören und sich abwartend verhalten. Dann folgt seine Belohnung wie eben beschrieben.

Nach ein paar Trainingseinheiten sollte der Welpe bei dem Signal »Stopp« sofort aufhören, den Happen nehmen zu wollen. Jetzt ist er reif für die nächste Stufe (die müssen Sie aber nicht noch in dieser Woche schaffen). Sie lassen ihn wieder einige Häppchen aus Ihrer Hand nehmen, bevor Sie erneut »Stopp« sagen. Jetzt bleibt die Hand mit dem Leckerchen aber offen, und der Welpe sollte trotzdem Abstand halten. Dafür gibt es dann einen Happen aus Ihrer anderen Hand. Passen Sie aber gut auf, dass der Kleine den Happen in der offenen Hand auch wirklich nicht erwischt! Das würde sich nämlich sehr nachteilig auf das Gelingen der Übung auswirken. Verlegen Sie die Übung in unterschiedliche Umgebungen, damit sie nicht nur dort funktioniert, wo Sie zu Anfang geübt haben.

Schritt	3	Signal »Stopp« – er nimmt den Happen nicht.

Schritt	4	»Stopp«, die Belohnung folgt aus der Hand.

Steigerung der Übung: Diese Variante des Abbruchsignals ist kein Ziel, das Sie innerhalb dieser Woche mit Ihrem Welpen erreichen sollten, sondern nach und nach.

Klappt das »Stopp« zuverlässig bei offen in der Hand liegendem Leckerchen, dann legen Sie doch mal eines auf den Boden. Zuerst darf der Welpe wieder einige Happen einzeln und nacheinander vom Boden nehmen, dann kommt Ihr Signal »Stopp«. Aufgepasst – der Vierbeiner darf den Happen auf keinen Fall erwischen, sonst wäre die Übung komplett danebengegangen. Sollte er es versuchen, heißt es rasch reagieren. Stellen Sie sogleich Ihren Fuß auf das Häppchen. Gehen Sie auch hier wieder so vor, wie links beschrieben. Hört Ihr Hund sofort mit den Bemühungen, den Happen zu ergattern, auf? Dann geben Sie ihm aus Ihrer Hand eine Belohnung. Versucht er aber, das Leckerchen unter Ihrem Fuß zu bekommen, bleiben Sie einfach darauf stehen und warten, bis er akzeptiert, dass das tabu ist. Erst jetzt gibt's die Belohnung. Wenn Ihr Vierbeiner so weit ist, dass er ohne Ihr Zutun auch den verführerisch frei am Boden liegenden Happen auf Ihr Signal hin nicht nimmt, dann sitzt die Übung. Sie haben nun gute Chancen, Ihren Vierbeiner durch das Abbruchsignal bei unerwünschtem Verhalten zu unterbrechen.

Bitte beachten: Sagen Sie das Signal »Stopp« dann, wenn Ihr Hund gerade mit dem unerwünschten Verhalten beginnen möchte. Das Timing ist also wichtig. Achten Sie außerdem darauf, dass nur Sie und nicht etwa Ihre Kinder dieses Signal verwenden. Ob Sie ein konditioniertes Abbruchsignal oder Kommunikation über Körpersprache und Stimme nutzen, um Ihren Vierbeiner von dem unerwünschten Verhalten abzubringen, hängt von verschiedenen Faktoren ab. Zum einen davon, welcher Typ Ihr Hund ist, aber auch davon, was Sie selbst am besten umsetzen können. Sie dürfen selbstverständlich auch beide Methoden anwenden.

Wichtig: Verwenden Sie das Abbruchsignal nicht für jede Kleinigkeit, sonst nützt es sich ab. Und vergessen Sie die Belohnung nicht, wenn der Kleine Ihr Signal befolgt hat! Im »fortgeschrittenen Stadium« muss das nicht immer ein Happen sein. Auch Knuddeln mit lobendem Tonfall ist eine Bestätigung.

Das Programm für die sechste Woche

Ihr Welpe ist jetzt etwa 13 Wochen alt und schon eine richtige kleine Persönlichkeit. Denken Sie daran, dass er noch immer prägungsähnlich lernt. Vermeiden Sie daher, dass sich über die Wochen beim Üben und hinsichtlich geltender Regeln Ungenauigkeiten einschleichen. Manche Welpen zeigen nun eine erhöhte Vorsicht und brauchen die Sicherheit ihres Zweibeiners besonders.

Der Welpe und Artgenossen

Welpen lernen einen Teil ihres innerartlichen Sozialverhaltens durch praktische Erfahrungen im Umgang mit Artgenossen, vor allem auch mit Gleichaltrigen. Ihr Vierbeiner sollte aber außerdem mit Hunden anderer »Altersklassen« zusammentreffen, damit er auch lernt, wie man sich den »Erwachsenen« gegenüber verhält.

Was es mit dem Welpenschutz auf sich hat

Wählen Sie erwachsene Hunde, zu denen Ihr Welpe Kontakt aufnehmen darf, sorgfältig aus. Nicht jeder »Große« kann mit »Kindern« umgehen. Meist verlaufen Kontakte zwar reibungslos, aber der sogenannte Welpenschutz bezieht sich in der Natur nur auf die Welpen des eigenen Rudels. Es gibt Hunde, die keine Welpen mögen, zum Beispiel weil sie selbst nie mit Artgenossen sozialisiert wurden, im Welpenalter schlechte Erfahrungen machten oder in ihrem Sozialverhalten insgesamt nicht normal sind. So mancher Hundehalter kann selbst gar nicht einschätzen, wie sich sein Hund gegenüber Welpen verhält. Seien Sie aber nicht übervorsichtig, denn das überträgt sich auf Ihren Hund.

Sie werden die Hunde in Ihrer Umgebung bald kennen und wissen, wer sich als »Erzieher« für Ihr Hundekind eignet. Aber auch ein solcher Hund wird sich nicht alles gefallen lassen, sondern wird den Welpen hundegerecht maßregeln, wenn er sich zu viel herausnimmt. Das geschieht durch Ignorieren, Knurren, durch einen Griff über den Fang des Welpen oder auch mal durch angedeutetes Schnappen – je nach Verhalten des Kleinen und der Toleranzgrenze des erwachsenen Hundes.

Negative Erfahrungen

Manchmal passiert es: Der Welpe wird gebissen. Für den Welpen ist das eine traumatische Erfahrung in einer sensiblen Entwicklungsphase. Bringen Sie ihn in diesem Fall bald wieder unter andere Hunde, und suchen Sie sich einen sozial verträglichen, ruhigen Hund, der dem Übeltäter optisch sehr ähnlich ist. Bringen Sie Ihren Welpen mit diesem so oft in Kontakt, bis er sich wieder entspannt verhält. So kann seine negative Erfahrung »überspeichert« werden.

Wie viel Hundekontakt ist sinnvoll?

Ihr Welpe braucht nicht jeden Tag Hundekontakt. Der Besuch einer guten Welpengruppe einmal wöchentlich und die eine oder andere Begegnung unterwegs sind ausreichend. Welpenbesitzer nutzen oft jede Gelegenheit oder suchen gar nach möglichst vielen, um dem Welpen Kontakt zu ermöglichen. Rasch wird der Welpe abgeleint, sobald ein Artgenosse auf der Bildfläche erscheint, oder man trifft sich gezielt zum Spielen und unterhält sich dabei. Das hat leicht zur Folge, dass Sie über kurz oder lang abgemeldet sind, sobald ein Artgenosse am Horizont auftaucht. Aber das wollen Sie sicher nicht. Deshalb ist es nach wie vor am wichtigsten, dass Ihr Welpe Sie als Mittelpunkt seines Lebens ansieht und auch in erster Linie mit Ihnen Spaß hat.

Gewöhnen Sie Ihren Welpen schon jetzt daran, an anderen Hunden in entsprechendem Abstand und ohne Kontaktaufnahme vorbeizugehen. Ein Beispiel war die Bindungsspaziergangsituation in der fünften Woche (→ Seite 65). Eine Übung finden Sie auf Seite 79. Ab und zu darf der kleine Vierbeiner spielen, aber aufgepasst – er kommt nur von der Leine, wenn er vorher sitzt und Sie anschaut.

An der Leine lassen Sie ihn möglichst keinen Kontakt aufnehmen. Das kann später Probleme bringen, da angeleinte Hunde nicht ungehindert kommunizieren können. Außerdem fördern Sie dadurch das Zerren an der Leine.

Wenn die Angst zunimmt

Ihr Welpe zeigte bisher eine natürliche Vorsicht. Diese kann sich ungefähr jetzt, eventuell auch schon früher, vorübergehend verstärken. Was ihn bisher kaum oder nicht störte oder ihm gar nicht aufgefallen ist, kann plötzlich Misstrauen oder Unsicherheit hervorrufen. Hat er etwas »Verdächtiges« gesehen oder gehört, sträubt er die Rückenhaare und bellt eventuell dazu. Oder er traut sich geduckt und mit eingezogenem Schwanz nicht recht heran. Bleiben Sie immer entspannt, denn so zeigen Sie Ihrem Welpen, dass alles in

Stundenplan

Themen rund um die sechste Woche

Der Welpe und Artgenossen
Wenn die Angst zunimmt
Wie viel Ruhe braucht der Welpe?

Übungen	Wie oft?
Ausflug zu belebten Orten	1-mal pro Woche
Bindungsspaziergang mit Ablenkung	2–3-mal pro Woche
Körperpflege	mehrmals pro Woche (je nach Fell)
»Schau« unter starker Ablenkung	2–4-mal pro Woche
Hundebegegnung angeleint	nach Gelegenheit
Variables Belohnen	ab sofort bei allen Übungen, die der Welpe beherrscht
Belohnungen wechseln	wie Sie möchten
»Platz und Bleib«	2-mal täglich

Ordnung ist und er keine Angst haben muss. Sie geben ihm dadurch Sicherheit, das ist wichtig. Bedauern oder trösten Sie ihn jedoch, verstärken Sie damit seine Angst. Wenn möglich, ermutigen Sie ihn (ohne Zwang!), sich zusammen mit Ihnen das »gefährliche« Objekt anzuschauen.

Steht zum Beispiel eine Mülltonne an einer ungewohnten Stelle, und der Welpe zeigt sich beeindruckt, gehen Sie fröhlich zur Tonne. Er wird Ihnen wahrscheinlich folgen und sehen, dass das nichts Gefährliches ist. Traut er sich trotz allem nicht heran, bleiben Sie mit ihm so lange in der Nähe der Tonne, bis er sich entspannt hat.

Nicht bei jedem Hund tut sich hinsichtlich dieser »Angstphase« gleich viel. Welpen mit robustem Nervenkostüm zeigen weniger »Symptome« als kleine Sensibelchen oder solche, die unsicher veranlagt sind.

Wie viel Ruhe braucht der Welpe?

Sie werden bemerkt haben, dass Ihr Welpe relativ viel schläft. Allerdings gibt es da durchaus individuelle Unterschiede, die zum Teil auch rassebedingt sind. Aber Ruhe heißt nicht immer Schlafen, sondern gemeint sind damit längere Phasen ohne Aktivität und »Bespaßung«. Dass es solche Zeiträume gibt, muss jeder Welpe lernen.

So klappt es: Häufig dreht sich alles um den Welpen, und jeder möchte sich mit ihm beschäftigen. Die meisten Welpen lassen sich gern zum Toben animieren, und die Kinder würden sich am liebsten ständig mit dem Welpen beschäftigen. Das ist allerdings nicht gut für das Hundekind.

▶ Ruhigere Welpen ziehen sich auch von selbst zurück, wenn es ihnen zu viel wird. Allerspätestens dann muss der Welpe in Ruhe gelassen werden. Besser ist es jedoch, manchmal schon vorher das Toben oder das Spiel abzubremsen.

▶ Lebhafte Welpen finden oft von selbst kein Ende. Werden sie zu sehr beschäftigt, kann das Resultat ein nervöser, hektischer Vierbeiner sein, der sich nicht konzentrieren kann, keine Ruhe findet oder ständig Beschäftigung fordert. Gerade für einen solchen Welpen ist es wichtig, ihn immer wieder zur Ruhe zu »zwingen« und ihn nicht etwa so lange zu beschäftigen, bis er müde wird.

▶ Hat man sich mit dem Welpen beschäftigt, beispielsweise mit ihm geübt, gespielt oder war man gemeinsam unterwegs, können Sie Ruhe von ihm verlangen. Ignorieren Sie (und alle, die im Haus sind) Spiel- und sonstige Aufforderungen des Kleinen. Häufig reicht das schon, und der Welpe legt sich irgendwo hin und gibt Ruhe. Falls nicht, bringen Sie ihn in seine Box. Ersatzweise binden Sie ihn in Ihrer Nähe oder an seinem Platz mit der Leine fest.

▶ Führen Sie, je nach Tagesablauf, feste Ruhezeiten ein. Zum Beispiel, während Sie am Computer arbeiten müssen, Hausarbeit machen oder essen. Da Sie von Ihrem Welpen aber noch keine Pause von mehreren Stunden verlangen können, gehen Sie zwischendurch einmal kurz mit ihm raus oder

Nach und nach daran gewöhnt, verhält sich der Welpe – je nach Typ – auch bei größerem Trubel entspannt und gelassen.

üben ein paar Dinge mit ihm. Dann geht es wieder in die Box, oder er gibt von sich aus wieder Ruhe. Schaut er Sie erwartungsvoll an, etwa wenn Sie an ihm vorbeigehen, sagen Sie nichts und sehen Sie ihn auch nicht direkt an. Denn gerade auf Ihre Aufmerksamkeit wartet er ja. Ignorieren Sie auch, wenn er jammert.

▶ Achten Sie bei einem sehr lebhaften Welpen darauf, ihn nicht durch Körpersprache oder Stimme zusätzlich »hochzufahren«. Angesagt sind hier ruhiges Streicheln und überwiegend ruhigeres Spielen. Pushen Sie ihn beispielsweise nicht etwa durch dauerndes Ballwerfen. Auch Begrüßungen, zum Beispiel morgens nach dem Aufstehen oder wenn die Kinder aus der Schule kommen, müssen nicht zu überschäumend ausfallen, sondern sollten eher moderat sein.

▶ Turbulent geht es oft auch dann zu, wenn Besuch kommt. Sorgen Sie dafür, dass sich nicht jeder gleich auf den Kleinen stürzt und er dann »dauerbespaßt« wird. Auch wenn der Welpe sich noch so freut oder noch so niedlich ist. Denn das pusht ihn unnötig hoch. Irgendwann ist er nämlich groß, und dann ist es nicht mehr lustig, wenn er sich voller Begeisterung auf jeden Besucher (Kinder!) »stürzt«. Sie könnten den Welpen beispielsweise zunächst in der Box lassen. Erst wenn alle da sind und Ruhe eingekehrt ist, lassen Sie ihn heraus, und er darf Kontakt aufnehmen.

Bitte beachten: Häufig wird empfohlen, den Welpen auf sein Bett zu schicken, wenn Ruhe angesagt ist. Davon halte ich persönlich nichts. Denn das ist letztlich nichts anderes als ein sehr langes »Bleib« im Platz, und das auch noch unter Ablenkung. Dazu müssten Sie ihn ständig im Auge behalten, ob er auch dort bleibt. Meist klappt das daher nicht wirklich, und der Welpe steht immer wieder auf. Er ist vollkommen überfordert und versteht gar nicht wirklich, was von ihm verlangt wird. Dadurch kommt nur noch mehr Unruhe

Bei Bindungsspaziergängen in unübersichtlicherem Gelände muss der Welpe gut darauf achten, Anschluss zu halten.

Bürsten massiert die Haut, ist auch Kommunikation über Körperkontakt und wirkt sich positiv auf die Bindung aus.

in die Situation. Hier ist eine Box oder alternativ auch das Anleinen als zweitbeste Lösung wesentlich sinnvoller. Sie müssen nicht groß auf den Hund achten, und er kann nichts falsch machen.

Wichtig: Lassen Sie den Hund aber niemals unbeaufsichtigt, wenn Sie ihn mit der Leine festgebunden haben.

Ausflug zu belebten Orten

Ihr Vierbeiner war nun schon in allen möglichen Umgebungen und ist gewissen Trubel gewohnt. Nun nehmen Sie ihn beispielsweise in einen verkehrsreichen Bereich der Stadt mit oder in ein Kaufhaus.

So klappt es: Bereiten Sie Ihren Ausflug wie gewohnt vor (→ Seite 54). Nun könnten Sie mit ihm etwa zum Busbahnhof gehen. Busse kommen und fahren, die Türen öffnen und schließen sich zischend. Oder bleiben Sie auf dem Gehweg dort stehen, wo der Verkehr vorbeifließt.

Achten Sie wieder auf Stressanzeichen (→ Seite 122), und vergrößern Sie den Abstand, falls Ihrem Welpen die Autos und Busse zu nah sind.

Im Kaufhaus bietet sich eine Fahrt mit dem Aufzug an. Aber nicht unbedingt gleich dann, wenn dieser voll besetzt ist. Fahren Sie zuerst allein mit dem kleinen Vierbeiner oder mit nur einer weiteren Person. Bleibt der Welpe entspannt, können auch mehrere Personen anwesend sein. Spazieren Sie mit dem Welpen durch die Abteilungen. Dort ist es oft eng, und fremde Menschen kommen ziemlich nah.

Wichtig: Hatte der Kleine zunächst etwas Angst, entspannt sich aber erkennbar, wenn Sie etwa den Abstand zu den Autos etc. vergrößern, dann geben Sie ihm ein paar Häppchen. So bekommt die Situation eine zusätzliche positive Note. Auch ein Spielchen mit Ihnen hat diesen Effekt.

Bindungsspaziergang mit Ablenkung

Auch beim Bindungsspaziergang tasten Sie sich allmählich an Ablenkung heran (→ Seite 38).

So klappt es: Beginnen Sie in einem ablenkungsfreien Gebiet, das beispielsweise in der Nähe eines Weges mit Spaziergängern liegt. Bewegen Sie sich nach und nach auf den Weg zu. Wie nahe, das richtet sich danach, wie gut Ihr Welpe sich an Ihnen orientiert. Machen Sie die Übung so schwer wie möglich, aber übertreiben Sie sie nicht. Gehen Sie also wirklich nur so weit an die Ablenkung heran, wie Ihr Welpe Ihnen dicht und ohne irgendwelche Probleme folgt. Merken Sie, dass er unkonzentriert wird, vergrößern Sie die Entfernung zum Weg rechtzeitig, bevor der Welpe womöglich zu einer Person läuft.

Bitte beachten: Wenn man etwas Neues übt, sind viele Hundehalter zunächst unsicher, ob ihr Hund das auch wirklich

Gönnen Sie Ihrem Welpen genügend Ruhephasen, vor allem auch nach ausgiebigen Sozialisierungsausflügen voller Eindrücke.

macht. Das ist verständlich, aber Ihr Vierbeiner erkennt Ihre Unsicherheit rasch an Ihrer Körpersprache – auch wenn es sich nur um Nuancen handelt. Allein dadurch kann eine Übung schon schiefgehen.

Beim Bindungsspaziergang äußert sich die Unsicherheit meist dadurch, dass man langsamer und zögerlicher wird und immer wieder schaut, ob der Welpe auch tatsächlich kommt. Das gibt dem Welpen aber viel Zeit, umherzuschauen und sich zu überlegen, ob er nicht doch einen Abstecher in Richtung Ablenkung einlegt.

Gehen Sie also ganz bewusst zügig und beobachten Sie Ihr Hundekind unauffällig aus den Augenwinkeln. Ist der Welpe am Überlegen oder gar schon im Begriff, die entsprechende Richtung einzuschlagen, sollten Sie das Tempo sogar erhöhen oder sich rasch verstecken. So wird Ihr Vierbeiner Ihnen viel eher folgen, als wenn Sie etwa stehen bleiben und warten, ob er sich für Sie oder die Ablenkung entscheidet.

Kommunikation durch Körperpflege

Sie üben ja schon fleißig, dass der Hund sich jederzeit die Ohren, die Zähne usw. kontrollieren lässt (→ Seite 33). Auch das Bürsten gehört dazu. Zum einen pflegt es Haut und Haare, zum anderen hat es einen sozialen Aspekt. Bürsten ist für die meisten Hunde angenehm und hat, wie auch das Streicheln, eine bindungsfestigende Wirkung. Dabei bestimmen Sie, wann und wie lange gebürstet wird.

So klappt es: Verwenden Sie eine Bürste, die nicht zieht, damit die Fellpflege nicht gleich negativ von Ihrem Vierbeiner besetzt ist. Für viele Welpen ist die Bürste erst mal ein super Spielzeug. Bürsten Sie den Kleinen deshalb am besten, wenn er ziemlich müde ist. Dann genießt er es vielleicht gleich von Anfang an. Sicher wollen Sie Ihren kleinen Vierbeiner in Ruhe bürsten. Strahlen Sie daher auch selbst Ruhe

INFO

Wie viel Freiraum für den Welpen?

Frischgebackene Welpenbesitzer erliegen oft dem »Kindchenschema« und lassen den Welpen tun, was er will. Doch das rächt sich spätestens, wenn das kuschelige Hundebaby plötzlich nicht mehr so klein und rüpelig wird. Deshalb ist es gerade wichtig, das Welpenleben zu reglementieren. Dazu gehören vor allem die Bindungsspaziergänge, das Einhalten und Fördern von Ruhephasen und angemessenem Verhalten (zum Beispiel bei Begrüßungen), Spielen ohne Beißen, Warten vor dem Futternapf, Dosieren von Zuwendung und Ähnliches. Ihr souveränes Auftreten tut ein Übriges. So werden Sie schon für Ihren Kleinen zum Idol, das er gern respektiert.

aus. Das heißt, Sie geben Ihrer Stimme einen beruhigenden Klang und vermeiden auf jeden Fall hektische Bewegungen. Hören Sie mit dem Bürsten auf, bevor es dem Welpen zu viel wird und er weggeht. Sie können auch für das Bürsten ein Signal einführen.

Wichtig: Auch bei der Fellpflege ist es wichtig, dass Sie durch Ihre Körpersprache Ruhe vermitteln. Selbst wenn der Kleine vielleicht zunächst herumkaspert – lassen Sie sich nicht anstecken und vermeiden Sie Hektik. Das gilt sowohl für Ihre Bewegungen als auch für Ihre Stimme. Schimpfen Sie nicht mit dem Hundekind, wenn es anfangs vielleicht noch nicht die nötige Geduld hat.

Übung 1 Der Welpe hat einen Jogger entdeckt.

Übung 2 Rufen Sie ihn und lenken Sie ihn ab.

»Schau« mit starker Ablenkung

Ihr Welpe hat gelernt, sich bei Ihrem Signal »Schau« auf Sie zu konzentrieren und den Blickkontakt zu halten, auch wenn etwas weiter weg leichte Ablenkung zu sehen ist (→ Seite 55). Das steigern Sie jetzt noch ein wenig.

So klappt es: Üben Sie entweder zu Hause oder aber draußen.

▶ Engagieren Sie zunächst einen Helfer. Konzentrieren Sie Ihren Welpen auf sich, während die zweite Person in der Nähe steht. Funktioniert das, lassen Sie Ihren Helfer gemächlich hin und her gehen. Aber nur so nahe, dass Ihr Welpe trotzdem Blickkontakt zu Ihnen hält.

▶ Jetzt kommt die nächste Stufe. Suchen Sie sich beispielsweise einen Weg, auf dem Spaziergänger, Nordic Walker, Fahrradfahrer oder Jogger unterwegs sind. Konzentrieren Sie den Welpen zuerst etwas abseits vom Weg auf sich. Hält der Welpe entspannt und länger Blickkontakt zu Ihnen? Dann gehen Sie jetzt direkt an den Wegrand. Ist der Welpe dicht bei Ihnen und hat einen Freizeitsportler wahrgenommen? Geben Sie ihm nun das Signal »Schau«.

Wichtig: Sie sollten das Leckerchen schon in Position halten, wenn der Welpe zu Ihnen blickt. Denn er soll, wie Sie schon wissen, in Ihr Gesicht schauen, nicht auf Ihre Hand.

▶ Beherrscht Ihr Hund die Übung, trainieren Sie doch einmal, wenn ein Spaziergänger mit angeleintem Hund des Weges kommt. Das ist noch schwieriger.

Bitte beachten: Steigern Sie die Übung langsam. Achten Sie darauf, dass Ihr Welpe anhaltend und gelassen Blickkontakt hält. Belohnen Sie ihn immer, solange er noch intensiv schaut. Beobachten Sie Ihren Hund. Sobald seine Augen »wandern« oder sich die Ohren deutlich in Richtung Ablenkung ausrichten, beenden Sie die Übung.

Hundebegegnung angeleint

Der Welpe darf immer wieder mal mit Artgenossen toben. Mindestens genauso wichtig ist es aber, dass Sie auch problemlos mit ihm angeleint und ohne Kontaktaufnahme an fremden Hunden vorbeigehen können.

So klappt es: Nutzen Sie Situationen, in denen ein anderer angeleinter Hund auftaucht. Hat Ihr Welpe den Artgenossen wahrgenommen, lenken Sie seine Aufmerksamkeit mit einem Happen oder seinem Lieblingsspielzeug auf sich. Gehen Sie nun zügig, den Welpen an lockerer Leine, an dem anderen Hund vorbei. Sobald Sie einige Meter Abstand haben, bekommt der Kleine seinen Happen, oder spielen Sie mit ihm. So erlebt der Welpe, dass ihn beim Verzicht auf den Kontakt mit Artgenossen eine tolle Alternative bei Ihnen erwartet.

Klappt das gut, kombinieren Sie die Übung mit »Fuß«, ebenfalls in entsprechendem Abstand. Der Welpe soll Ihnen jetzt also nicht nur an lockerer Leine folgen, sondern dicht und exakt an Ihrer Seite bleiben (→ Seite 50).

Bitte beachten: Der entgegenkommende Hund sollte nicht zerrend und bellend an der Leine hängen. Das würde Ihren Welpen zu stark ablenken und beeindrucken. Gehen Sie in einem großen Bogen an dem anderen Hund vorbei. Der Welpe sollte sich ohne große Mühe auf Sie konzentrieren. Mit zunehmendem Können verringern Sie den Abstand nach und nach. Das geht eventuell schon innerhalb einiger Tage. Aber kein falscher Ehrgeiz, es muss nicht schon in dieser Woche alles funktionieren! Sie brauchen ein »dickes Fell«, da viele Menschen diese Übung nicht verstehen und Mitleid mit dem Welpen haben. Sie aber werden später froh über diese Übung sein.

Übung **1** Ebenso interessant wie der andere Hund.

Übung **2** Ist er vorbei, folgt ein Spiel.

Variables Belohnen

Erinnern Sie sich an die erste Woche? Zunächst haben Sie den Hund über eine sichtbare Belohnung dazu animiert, ein bestimmtes Verhalten (wie zum Beispiel »Sitz«) zu zeigen. Die nächste Stufe war, dass die Belohnung nicht mehr zu sehen war, sondern erst dann auftauchte, nachdem der Hund das getan hat, was Sie wollten. So hat der Welpe nun schon gelernt, dass Ihr Signal nicht nur dann etwas bedeutet, wenn der Happen schon vor seinem Mäulchen baumelt. Auch Ihr souveränes Auftreten hat dazu beigetragen.

Nun gehen Sie dazu über, Übungen, die zuverlässig funktionieren, nicht mehr jedes Mal zu belohnen. Warum? Stellen Sie sich vor, der Hund bekommt für jedes »popelige« Sitzen eine Belohnung. Er muss sich also gar nicht mehr wirklich anstrengen und weiß eh schon, was kommt. Die Belohnung verliert dadurch ihren Reiz und wird langweilig. Vielleicht entscheidet sich Ihr Vierbeiner dann ab und zu sogar lieber für eine lustvollere Alternativbeschäftigung, anstatt Ihre Signale zu befolgen.

Weiß er aber nie genau, ob er etwas bekommt oder nicht, bleibt seine Erwartungshaltung bestehen. Das ist ähnlich wie bei einem Glücksspielautomat. Man spielt immer wieder, denn es könnte irgendwann ja doch ein kleinerer oder auch größerer Gewinn dabei herausspringen.

Es gibt auch deshalb nicht ständig Belohnungen, weil Ihr Vierbeiner sich nach und nach daran gewöhnen muss, etwas deshalb zu tun, weil Sie es von ihm einfordern. Nicht um eine Belohnung zu bekommen. Auch da kommt wieder Ihre souveräne Ausstrahlung ins Spiel.

So klappt es: Überlegen Sie zunächst, was Ihr Welpe wirklich perfekt beherrscht. Sind Sie beispielsweise allein zu Hause, und der Welpe legt sich auf Ihr Signal ins Platz, dann beenden Sie die Übung ohne Belohnung.

Übung 1 Einfaches Sitzen wird nicht belohnt.

Ein stimmliches Lob wie »fein« oder Ähnliches, noch während er liegt, ist natürlich erlaubt.

Sind später Ihre Kinder daheim, üben Sie in Sichtweite der Kinder erneut das »Platz«. Bleibt der Welpe auch jetzt schön liegen, ist das eine besondere Leistung. Dafür können Sie ihm jetzt auch einen Happen geben.

Klappt beispielsweise das »Hier« zuverlässig, braucht der Welpe keinen Belohnungshappen, wenn er völlig ohne Ablenkung aus einer Entfernung von drei Metern zu Ihnen eilt. Kommt er aber, obwohl er gerade einen anderen Hund gesehen hat oder etwa mit Ihrem Kind spielt, dann hat er sich eine Extraportion verdient. Also entweder mehrere Happen auf einmal oder etwas besonders Leckeres, was er sonst nicht so ohne Weiteres bekommt. Gehen Sie beim »Hier« aber nur dann zu variabler Belohnung über, wenn Ihr Welpe die Übung immer zuverlässig befolgt.

Übung | 2 | Unangeleint und mit Ablenkung aber schon.

Übung | 3 | Extraportion für besondere Leistungen.

Belohnung wechseln

Variabel belohnen bedeutet auch, die Belohnungsarten zu wechseln. Damit erreichen Sie ebenfalls, dass die Erwartungshaltung des Welpen hoch und Sie interessant für ihn bleiben. Richten Sie sich dabei nach den Vorlieben Ihres Vierbeiners.

So klappt es: Angenommen, Sie üben das »Schau«. Sie können Ihrem Welpen, wie gewohnt, dafür ein Häppchen geben. Das ist anfangs auch sinnvoll, da ein Happen genau im richtigen Augenblick und in der Position gegeben werden kann. Aber nun kann er die Übung ja schon. Sie können jetzt auch unvermittelt und rasch sein Lieblingsspielzeug aus der Tasche ziehen und ein ausgelassenes Ziehspiel mit ihm machen. Oder seinen Ball werfen. Aber erst, wenn er eine Zeit lang Blickkontakt gehalten hat. Oder er bekommt das Auflösungssignal und darf zu seinem vierbeinigen Spielkameraden laufen, den er schon gesehen hat und zu dem er gern möchte. Da er sich aber trotzdem bereitwillig auf Sie konzentriert, bekommt er dafür die Belohnung, die ihm jetzt am liebsten ist. Wenn ihm das jedoch schwerfällt und er schon zu angespannt in den »Startlöchern« Richtung Spielkamerad sitzt, wäre ein Happen sinnvoller. Ähnlich ist es beispielsweise beim Ableinen. Nach dem Ableinen darf der Welpe ja normalerweise frei laufen, wenn er Blickkontakt aufgenommen hat. Damit sich das aber nicht zu sehr automatisiert, variieren Sie die Belohnung und den Ablauf. Also den Welpen ableinen, dann Blickkontakt fordern. Nun belohnen Sie den Hund mit einem Happen und leinen ihn wieder an. Kommt Ihr Vierbeiner auf »Hier« immer zu Ihnen und läuft nicht vorbei oder biegt ab, können Sie hin und wieder statt eines Häppchens das Lieblingsspielzeug aus der Tasche ziehen und »wild« mit dem Welpen spielen, sobald er bei Ihnen ist. Lassen Sie Ihn erst anschließend sitzen.

Übung 1 Sie stehen ohne Leckerchen vor dem Hund.

Übung 2 Sie sind zurück, der Welpe bleibt liegen.

Die Übung »Platz und Bleib«

Diese Übung ist sehr wichtig, damit Sie Ihren Vierbeiner später ablegen können und er zuverlässig liegen bleibt, auch wenn Sie sich weiter entfernen und außer Sicht sind. Gehen Sie langsam vor, damit die Übung auch wirklich gefestigt wird.

»Sitz und Bleib« haben Sie ja schon geübt (→ Seite 61), das »Platz« kann Ihr Hund an Ihrer Seite (→ Seite 42). Er bleibt mittlerweile ohne Hilfe entspannt neben Ihnen liegen. Erst dann ist er so weit, dass Sie auch das Ablegen mit dem Bleiben verbinden können. In der Regel beherrscht der Kleine das Bleiben im Platz später als Bleiben im Sitzen, deshalb steht es erst in dieser Woche auf dem Stundenplan.

So klappt es: Üben Sie zunächst mit dem angeleinten Welpen ohne Ablenkung, wie anfangs beim normalen »Platz«, und wenn der Kleine ein wenig müde ist. Der Untergrund sollte dem Vierbeiner angenehm sein.

▶ Beginnen Sie mit der Übung »Platz« an Ihrer Seite. Wie bereits beim Sitzen soll der Hund auch im Platz parallel neben Ihnen liegen. Nicht etwa schräg, denn dann ist zwischen der Ausgangsposition und dem Bleiben kein deutlicher Unterschied mehr, was Ihre Position anbelangt. Beenden Sie die Übung und gehen Sie ein Stück bei Fuß mit dem Hundekind.

▶ Nun legen Sie den Welpen erneut neben sich ins »Platz«. Wie beim »Bleib im Sitz« achten Sie nun darauf, dass er sich auf Sie konzentriert. Aber mit nur ganz wenig Spannung, damit er nicht zum Aufstehen tendiert.

▶ Jetzt sagen Sie »Bleib« und stellen sich direkt vor ihn. Vorsicht, dass Sie dabei nicht seine Pfoten berühren, denn dann würde er aufspringen. Die Leine muss wieder locker durchhängen, damit keinerlei Zug nach oben oder nach vorn entsteht. Auch das würde den Welpen zum Aufstehen veranlassen. Das Ende der Leine behalten Sie in der Hand.

▶ Bleiben Sie einen Moment ruhig stehen, dann kehren Sie an seine Seite zurück. Der Vierbeiner sollte nun nicht gleich aufspringen, sondern liegen bleiben.

▶ Erst, wenn Sie »Sitz« sagen, darf er sich aufsetzen. Dann lösen Sie die Übung auf.

Übung **3** Wenn belohnen, dann so.

Übung **4** Anschließend lassen Sie ihn sitzen.

▶ Dehnen Sie die Zeit erst dann ein wenig aus, wenn der Welpe völlig gelassen liegen bleibt. Stehen Sie dabei immer noch dicht vor dem Hund.

▶ Erst wenn er mindestens eine halbe Minute liegen bleibt, dehnen Sie die Entfernung aus. Aber maximal auf Leinenlänge.

Bitte beachten: Suchen Sie nicht nach einem Leckerchen in Ihrer Tasche, während Sie vor dem Hund stehen. Sie würden Ihrem Hund das Liegenbleiben dadurch nur unnötig schwer machen. Möchten Sie ihn aber mit einem Happen belohnen, dann legen Sie ihm das Leckerchen zwischen die Vorderbeine, wenn Sie zurück an seiner Seite sind.

Auch wenn Sie sich schon weiter entfernen können, während der Hund sitzen bleibt – bauen Sie das Bleiben im Platz langsam auf und stellen Sie sich wirklich nur dicht vor den Hund, und das nicht zu lange. Denn wenn die Übung gleich am Anfang gelingt, ist das ein optimaler Einstieg.

In dem Moment, in dem Sie sich wieder an die Seite des Hundes stellen, können Sie bei Bedarf »Platz« sagen. Denn wenn Sie sich bewegen, könnte das Ihren Welpen zum vorzeitigen

Aufstehen verführen. Ein »Platz« kann ihn daran erinnern, dass die Übung noch nicht zu Ende ist. Das anschließende »Sitz« sprechen Sie dann aus, wenn der Welpe ruhig liegt und Sie nicht gerade voller Spannung ansieht. Das ruhige Liegenbleiben ist der Schwerpunkt dieser Übung.

Gewöhnen Sie Ihren Vierbeiner daran, dass er sich nach dem »Platz« aufsetzt. Das ist eine Art Sicherheitsmaßnahme. Sollte er beim Ablegen einmal abgelenkt werden, wird er sich zunächst hinsetzen, anstatt loszulaufen. Um ihn zum Sitzen zu bewegen, verwenden Sie einen motivierenderen Tonfall oder machen einen kleinen Hopser dazu. Bitte nur so viel Motivation, dass der Welpe sich aufsetzt und nicht gleich aufspringt.

Wichtig: Die meisten Hunde tendieren beim »Platz« eher zum zu frühen Aufstehen als zum zu langen Liegenbleiben. Daher wird so mancher Zweibeiner bei dieser Übung etwas nervös und spricht dann das »Bleib« unbewusst mit nervösem Unterton oder eher als Frage aus. Achten Sie auf einen bewusst ruhigen, aber verbindlichen Tonfall. Sagen Sie nichts mehr, wenn Sie vor dem Hund stehen. Das verursacht nur Unruhe.

Das Programm für die siebte Woche

Wie schnell die Zeit vergangen ist! Schon nähert sich die Welpenzeit allmählich ihrem Ende. Ein untrügliches Zeichen dafür ist, dass der Zahnwechsel bereits eingesetzt hat. Sind Sie ein eingespieltes Team mit Ihrem Welpen, oder versucht der Kleine, eigene Vorstellungen zu verwirklichen? Einfach dranbleiben und sich nicht einwickeln lassen, dann löst sich vieles wie von selbst.

Kontakt zu fremden Menschen dosieren

Ihr Welpe hatte im Lauf der Wochen sicher viel Kontakt zu Menschen mit dem Ziel, dass wir Zweibeiner in möglichst vielen Erscheinungsformen zum Normalen für Ihren Vierbeiner geworden sind. Ihr Hund soll natürlich nicht jedem »um den Hals fallen«, aber er muss im alltäglichen Umgang zuverlässig sein. Denn wenn Sie unterwegs sind, wird es immer wieder vorkommen, dass ihn jemand anspricht oder ihn berührt. Dosieren Sie den Kontakt Ihres Welpen zu Fremden jedoch nach Hundetyp:

▶ Ein zurückhaltender oder unsicherer Welpe braucht mehr Kontaktmöglichkeiten, diese aber mit viel Gefühl, damit er nicht überfordert wird. Bei einem solchen Welpen kann es helfen, sich Fremde »schönzufüttern«. Er bekommt von Fremden – nach Ihrer Instruktion – hin und wieder Leckerchen, wenn er sich freundlich nähert. Vorsicht, nicht etwa, solange er jemanden anbellt! Sonst belohnen Sie unerwünschtes Verhalten. Hat der Welpe vor einem Menschen Angst oder zeigt Misstrauen, bleiben Sie mit ihm in dessen Nähe. So lernt der Welpe, dass ihm nichts geschieht und er nicht zu flüchten braucht. Der Zweibeiner darf den Welpen jedoch nicht beachten, ihn sogar, je nach Angst des Kleinen, nicht einmal anschauen. Erst wenn der Welpe sich entspannt hat oder von sich aus interessiert ist, sollte sich ihm die Person – ohne Hektik – zuwenden.

▶ Ein extrovertierter Welpe, der sich voller Freude auf jeden Fremden »stürzt«, muss dagegen lernen, dass nur gesittetes Verhalten zur Kontaktaufnahme führt und vor allem, dass es auch Begegnungen ohne Kontaktaufnahme gibt. Füttern oder häufiges Spielen durch Fremde wäre hier falsch. Das pusht den Welpen hoch und steigert sein Interesse an unbekannten Personen, was dann spätestens beim ausgewachsenen Hund für reichlich Konfliktpotenzial sorgt.

Eigenständigkeit des Welpen

Hält Ihr Welpe auf den Bindungsspaziergängen nicht mehr so gut Anschluss? So mancher Welpenbesitzer macht gerade jetzt diese Erfahrung. Zum einen liegt es daran, dass der Welpe nicht mehr ganz so hilflos ist wie mit acht oder zehn Wochen. Die Umwelt wird für ihn interessanter, und er nimmt mehr wahr. Auch ist nicht jeder Hund gleich. Die einen kleben geradezu an ihrem Menschen, andere sind unabhängiger. Doch meist liegt die Ursache zum großen Teil auch im Verhalten des Zweibeiners.

▶ Gehen Sie mittlerweile vielleicht doch überwiegend im gleichen Gebiet und auf dem gleichen Weg spazieren? Dann weiß Ihr Hund schon genau, wohin es geht, und ist sich Ihrer sehr sicher. Wechseln Sie wieder das Gelände und gehen Sie über »Stock und Stein«.

▶ Laufen Sie relativ gemütlich dahin? Sie signalisieren Ihrem Welpen damit, dass er alle Zeit der Welt hat und Sie schon nicht verschwinden. Bewegen Sie sich wieder entschlossener. Dadurch wirken Sie souverän.

▶ Rufen Sie Ihren Hund, wenn Sie die Richtung ändern? Dann muss er nicht auf Sie achten. Sie sagen ihm ja, wenn Sie woanders hingehen. Sagen Sie nichts!

▶ Werden Sie langsamer, wenn Ihr Welpe sich für etwas anderes interessiert, und schauen Sie zu, was er tut? Damit »sagen« Sie Ihrem Welpen: »Lass dir ruhig Zeit, ich traue mich eh nicht ohne dich weiter.« Gehen Sie stattdessen zügig weiter und schauen Sie nach vorn.

▶ Denken Sie bei vermehrter Eigenständigkeit des Welpen auch an Ihre Souveränität und eine klare Kommunikation und »betüddeln« Sie ihn nicht ständig.

Ausflug zum Bahnhof

Diese Woche besuchen Sie mit Ihrem Welpen nun einen besonders lauten Ort, den Bahnhof. Viele Menschen eilen hin und her, es gibt laute Durchsagen, und die Züge machen Lärm. Ihr Welpe ist für diesen Ausflug fit, wenn er bisher in turbulenteren Umgebungen keine Unsicherheiten oder Stressanzeichen gezeigt hat (→ Seite 122).

So klappt es: Wenn Sie den Bahnhof betreten, bleiben Sie zunächst weit weg vom Bahnsteig, damit sich der Kleine an die unbekannte Kulisse gewöhnen kann.

▶ Bleibt er gelassen, gehen Sie etwas umher und spielen zum Beispiel mit ihm.

Stundenplan

Themen rund um die siebte Woche

Kontakt zu fremden Menschen dosieren
Eigenständigkeit des Welpen

Übungen	Wie oft?
Ausflug zum Bahnhof	1–2-mal pro Woche über 2 Wochen
Keinen Unrat fressen	immer, wenn nötig
Forderndes Verhalten abstellen	immer, wenn nötig
Übungen in den Alltag einbauen	in den Tagesablauf integrieren, hin und wieder gezielt
»Bei Fuß« ohne Leckerchen	täglich

▶ Gibt es eine Treppe ins Untergeschoss? Bleiben Sie einige Zeit dort. Es kommen Menschen »aus der Tiefe« – eine ungewohnte Perspektive für den Hund. Wählen Sie den Abstand so, dass Ihr Welpe entspannt ist. Will ein Passant Kontakt aufnehmen, ist das okay, wenn Ihr Welpe offen dafür ist.

▶ Zeigt sich Ihr Hundekind unbeeindruckt und fröhlich, gehen Sie näher an den Bahnsteig heran.

Wichtig: Bleiben Sie selbst locker und ruhig. Beobachten Sie Ihren Kleinen aufmerksam, aber vermitteln Sie ihm keine »Alarmstimmung«. Der Welpe muss lernen, dass all das, womit er konfrontiert wird, völlig normal ist.

Keinen Unrat fressen

Welpen sind wie kleine Kinder, alles muss ins Mäulchen genommen werden – und vieles wird leider auch gefressen. Meist sind das unappetitliche Dinge, die für den Welpen bisweilen auch gefährlich sind. Die »Gier« nach Unrat ist unterschiedlich ausgeprägt. Manche Welpen sind nur gelegentlich interessiert, andere suchen extrem danach. Eines ist tröstlich – diese Angewohnheit verschwindet meist im Lauf des Heranwachsens. Es ist nicht leicht, dieses Problem in den Griff zu bekommen, aber Sie können einiges versuchen.

So klappt es: Gleich, welche Taktik Sie anwenden, um Ihren Welpen abzulenken, wirken Sie spätestens dann ein, wenn er den Unrat wahrgenommen, aber noch nicht aufgenommen hat. Dann sind Ihre Chancen am größten, ihn von seinem Vorhaben abzubringen. Damit Sie das Überraschungsmoment ausschalten, legen Sie ein paar »Köder« auf einer Strecke aus, die Sie nachher mit dem Welpen, am besten angeleint, gehen. Es sollten aber wirklich »Köder« sein, die den Vierbeiner besonders reizen. Wenn das beispielsweise Katzenhäufchen sind, dann sollten auch diese ausgelegt werden … Wenn Sie unvorhergesehen und mit dem frei laufenden Welpen auf Unrat treffen, sind die Maßnahmen die gleichen. Es gibt nun verschiedene Strategien:

▶ Haben Sie ein Abbruchsignal konditioniert, dann geben Sie das, wenn der Welpe den Köder wahrgenommen hat und im Begriff ist, sich ihm zu nähern.

▶ Kennt der Welpe ein »Nein« oder sonst ein Signal, mit dem Sie ihm etwas verbieten, dann wenden Sie das auch hier an – ebenfalls, solange der Welpe den Unrat noch nicht aufgenommen hat (→ Zurechtweisen, Seite 52).

▶ Sitzt die Übung »Schau«, sagen Sie das Signal im richtigen Augenblick. Wenn der Kleine schaut, werfen Sie zum Beispiel seinen Ball oder ein Leckerchen weg vom Unrat.

▶ Merken Sie, dass Ihr Welpe etwas wahrgenommen hat, erhöhen Sie sogleich Ihr Tempo und entfernen sich zügig in entgegengesetzter Richtung. Wenn Sie Glück haben, folgt Ihnen Ihr Welpe unverzüglich.

▶ »Stürzen« Sie sich mit besonders spannender Stimme auf irgendeinen Punkt am Boden und tun Sie so, als hätten Sie dort etwas ganz Grandioses entdeckt. Es kann gut sein, dass der Welpe sein Interesse sofort auf Sie lenkt und voller Neugier herbeikommt. Jetzt sollten Sie aber auch etwas Tolles für ihn bereithalten.

▶ In leichteren Fällen kann es helfen, mit dem angeleinten Welpen dahingehend zu üben, dass er sich beim Anblick eines entsprechenden Objekts setzt und dafür dann eine leckere Belohnung bekommt.

▶ Bestimmte Gebiete, wie etwa wildreiche Zonen oder stark frequentierte Naherholungsgebiete, sind besonders reich an

Für besondere Leistungen gibt es auch mal besondere Happen. Testen Sie, was Ihrem Vierbeiner am besten schmeckt.

Hinterlassenschaften und anderem Unrat. Weichen Sie auf anderes Terrain aus.

▶ In manchen Fällen fehlt dem Hund eine Nährstoffkomponente, wenn er Unrat frisst. Fragen Sie Ihren Tierarzt.

Wenn der Unrat schon im Mäulchen ist

▶ Apportiert Ihr Welpe gern, dann versuchen Sie, ihn zu sich zu locken, um die tote Maus oder die verfaulte Bananenschale gegen einen leckeren Happen zu tauschen.

▶ Ansonsten wenden Sie am besten die vorher bereits beschriebenen Strategien an (→ Seite 86, Pfeil 1, 3, 5).

Bitte beachten: Für welche Strategie Sie sich entscheiden, hängt davon ab, welcher Typ Ihr Welpe ist und was Sie am besten umsetzen können. Gelegentlich gibt es Vierbeiner, die besonders schädliche Vorlieben haben, wie beispielsweise Steine aufnehmen. Wenn nichts hilft und Sie Bereiche mit diesen Objekten nicht meiden können, bleibt in solch extremen Fällen zum Schutz des Hundes als letzte Option der Maulkorb. So gewöhnt sich der Hund daran, diese Objekte zu »ertragen«, ohne sie aufnehmen zu können.

Wichtig: Laufen Sie nie schimpfend zu Ihrem Vierbeiner. Das veranlasst ihn nämlich in der Regel, entweder vor Ihnen zu »flüchten« oder den Unrat noch schnell zu schlucken.

Das »Superleckerchen«

Wenn Sie den Welpen, wie beschrieben, mit etwas Besonderem von Unrat ablenken, dann kann das ein »Superleckerchen« sein, das er sonst nicht bekommt, aber total gern mag. Solche Happen lassen sich auch gut einsetzen, um einer Übung, die im Moment nicht mehr so gut funktioniert, vorübergehend mehr Gewicht zu verleihen und sie zu festigen. Aber denken Sie daran – auch diese Happen gibt es für eine schon bekannte Übung immer erst nach der Ausführung!

Hat sich das Hundekind auf dem lauten Bahnhof weitgehend entspannt, legen Sie zur Auflockerung ein kleines Spiel ein.

Achtet der Welpe unterwegs überhaupt nicht darauf, wohin Sie gehen, verstecken Sie sich. Das wirkt oft Wunder.

Forderndes Verhalten abstellen

Ist es nicht putzig, wenn der Kleine zur Fütterungszeit schwanzwedelnd und mit unwiderstehlichem Schmachtblick vor Ihnen sitzt? Ein Blick auf die Uhr – oh, beinahe hätten Sie sich verspätet. Also nichts wie ab in die Küche. So oder ähnlich geht es nicht wenigen Welpenbesitzern, und sie geben ihrem Welpen nach. Wenn das ab und zu geschieht, ist das kein Problem. Ist der Ablauf aber immer so, kann sich das fordernde Verhalten steigern. Der Welpenbesitzer ist sich dessen aber meist nicht bewusst. Es fällt erst dann auf, wenn das Verhalten des Vierbeiners unangenehm wird. Im Zusammenhang mit dem Füttern kann das so aussehen, dass der Vierbeiner zur entsprechenden Zeit oder bei jedem Anzeichen der nahenden Mahlzeit völlig aus dem Häuschen gerät und womöglich ausdauernd bellt, bis sein Napf endlich auf dem Boden steht. Doch das lässt sich leicht wieder abstellen.

So klappt es: Sie wissen ja – der Hund lernt am Erfolg. Sie möchten unbedingt die Bellphase Ihres kleinen Vierbeiners beenden und beeilen sich, sein Futter möglichst rasch zuzubereiten. Der Welpe hat also gelernt, dass er mit bestimmten Verhaltensweisen sein Ziel schnell erreicht. Nun sorgen Sie dafür, dass Ihr Liebling damit ab sofort nichts mehr erreicht.

▶ Die Fütterungszeit ist gekommen, der Vierbeiner beginnt herumzuspringen und zu bellen. Sie setzen sich jedoch an den Tisch und lesen die Zeitung. Ihrem Welpen wird jetzt, bildlich gesprochen, die Kinnlade nach unten klappen. Denn Ihr neues Verhalten hat er nicht erwartet.

▶ Beobachten Sie ihn unauffällig aus den Augenwinkeln. Sobald sein Fokus nicht mehr auf Ihnen und der Mahlzeit liegt und er sich etwa mit seinem Spielzeug beschäftigt oder sich hinlegt, warten Sie noch etwas ab, damit er Ihren Aufbruch in die Küche auch wirklich nicht mit dem Bellen verknüpft.

▶ Dann machen Sie sich auf den Weg, um in der Küche sein Futter vorzubereiten.

▶ Sobald er aufgeregt wird oder bellt, gehen Sie sofort wieder aus der Küche zu Ihrem Tisch und setzen sich. Dieses Verhalten kann der Kleine allerdings auch bereits auf Ihrem Weg in die Küche zeigen, aber auch erst, wenn das Futter im Napf ist oder gar erst während Sie den Napf in Richtung Boden bewegen.

▶ Lassen Sie den Napf außer Reichweite des Welpen auf der Küchenanrichte stehen, bevor Sie die Küche verlassen. Ihr Welpe lernt nun, dass nur ruhiges Verhalten zum vollen Napf führt. Wie oft Sie den Vorgang des Fütterns abbrechen müssen, ist von Hund zu Hund verschieden. Aber halten Sie durch, und zwar bei jeder Mahlzeit.

Wichtig: Ihr Vierbeiner möchte in dieser und ähnlichen Situationen mit seinem Verhalten Ihre Aufmerksamkeit erreichen. Die darf er jetzt aber nicht bekommen. Ignorieren Sie ihn also, und denken Sie daran, dass auch schon ein Blick von Ihnen Aufmerksamkeit bedeutet.

Bitte darauf achten: Ihr Durchhaltevermögen ist von großer Bedeutung, wenn der kleine Vierbeiner ein forderndes Verhalten zeigt. Eventuell verstärkt Ihr Hund nämlich zunächst seine Bemühungen, um sein Ziel zu erreichen. Oder es dauert etwas, bis er verstanden hat, was Sie möchten. Geben Sie zwischendurch aber auf, lernt der Welpe letztendlich, dass er sein Futter bekommt, wenn er sich noch mehr ins Zeug legt oder noch ausdauernder ist. So wird das »Problem« größer statt kleiner.

Dieses Schema lässt sich übrigens auch auf viele andere Situationen anwenden, in denen der Vierbeiner mithilfe Ihrer Aufmerksamkeit (oder der einer anderen Person) ein Ziel erreichen möchte. Zum Beispiel, wenn er am Tisch bettelt, Sie respektlos zum Spielen animiert, jemanden zu stürmisch begrüßt oder anspringt oder wenn er pausenlos jammert, weil es ihm langweilig ist.

Übung 1 Heftig fordert der Knirps sein Futter.

Übung 2 Verlassen Sie kommentarlos die Küche.

Übung 3 Den Welpen ignorieren, bis er ruhig ist.

Übung 4 Er »benimmt« sich, es gibt Futter.

Übung 1 »Bleib« mit Ablenkung.

Übung 2 An der Straße läuft er bei Fuß.

Übung 3 »Platz« mit Ablenkung.

Übungen in den Alltag einbauen

Ihr Vierbeiner hat nun seine Grundübungen alle verinnerlicht. Außerdem ist er gut mit seiner Umwelt sozialisiert und auch bei mehr Trubel entspannt. Nun kombinieren Sie beides, denn die Übungen sollen im gesamten Alltag funktionieren, nicht nur zu Hause, an bestimmten Stellen oder in ruhiger Umgebung.

So klappt es: Bereiten Sie Ihren Ausflug wie gewohnt vor. Der Welpe bekommt vorher Gelegenheit zum Lösen und wird gegebenenfalls etwas beschäftigt, damit er keine überschüssige Energie hat. Vergessen Sie die Häppchen nicht. Haben Sie sich etwa die Fußgängerzone ausgesucht, sollte sich der Welpe ein paar Minuten akklimatisieren dürfen, bevor es losgeht.

▶ Lassen Sie den Welpen beispielsweise neben sich sitzen. Nicht zu lange, da die Ablenkung hier höher ist als beispiels-weise auf einer Wiese. Hat er die Übung gut gemacht, gibt es am Ende ein Häppchen. Auflösungshörzeichen nie vergessen!

▶ Danach könnte sich eine kleine Runde »bei Fuß« anschlie-ßen. Anfangs eine kurze Strecke, damit der Welpe sich nicht zu lange konzentrieren muss.

▶ In einer ruhigeren Ecke könnten Sie danach das »Platz« an Ihrer Seite üben.

▶ Klappt alles? Dann versuchen Sie, in einem ebenfalls etwas ruhigeren Bereich das »Bleib« im Sitzen. Auch diese Übung gestalten Sie etwas einfacher, indem Sie die Dauer und/oder die Distanz verkürzen.

▶ Üben Sie mit dem Hundekind auch das Gehen an lockerer Leine. Also stehen bleiben, wenn der Hund zerrt, und erst dann weitergehen, wenn die Leine wieder locker ist (→ Zerren ver-meiden, Seite 36/37).

Übung 1 Aufmerksam auch ohne Leckerchen.

Übung 2 Er wird während des Gehens belohnt.

»Bei Fuß« ohne Leckerchen

Ihr Welpe geht mithilfe eines Leckerchens ordentlich bei Fuß (→ Seite 50). Nun werden die Happen auch hier abgebaut.

So klappt es: Der Welpe lernt, dass er belohnt wird, wenn er eine gewisse Zeit aufmerksam an Ihrer Seite mitgelaufen ist. Stimmen Sie den Hund auf die Übung ein, in dem Sie zuerst eine kleine Strecke wie gewohnt mit Happen gehen. Nun sitzt er neben Ihnen und hat sein Häppchen gefressen. Jetzt nehmen Sie Ihre Hand an oder in die Tasche mit den Leckerchen. Ihr Welpe schaut erwartungsvoll zu Ihnen, und Sie gehen mit dem Signal »Fuß« wie gewohnt los. Gehen Sie nur wenige Schritte, Ihr Welpe soll dabei auf Sie schauen. Nun nehmen Sie ein Häppchen aus der Tasche und geben es dem Hund. So wird er noch für das aufmerksame Fuß-Gehen belohnt.

Bevor Sie erneut losgehen, lassen Sie ihn wieder an Ihrer Seite sitzen. Denn so kann er sich besser konzentrieren. Dann gehen Sie wiederum los und haben die Hand an oder in der Tasche. Verlängern Sie die Strecke langsam, sodass der Hund immer länger anhaltend aufmerksam an Ihrer Seite bleibt.

Bitte beachten: Üben Sie ohne Ablenkung. Ist der Vierbeiner beim Losgehen unkonzentriert, gehen Sie mit einem Häppchen in der Hand los und lassen es dann zurück in die Tasche wandern. Es genügt nicht, den Happen einfach nur höher zu halten. Ihr Hund soll ja ohne Leckerchen laufen, außerdem würde er danach hüpfen. Achten Sie auf Ihre Körpersprache! Gehen Sie entschlossen los. Das überzeugt Ihren Welpen. Wenn Sie dagegen zögerlich laufen oder gar warten, ob Ihr Welpe nun mitkommt oder nicht, wirken Sie unsouverän und unsicher. Er wird sitzen bleiben oder sich Interessanterem zuwenden.

Das Programm für die achte Woche

Ihr Welpe ist jetzt etwa vier Monate alt. Die Sozialisierungsphase und mit ihr die Zeit des nachhaltigen Lernens neigt sich dem Ende zu. Aber gelernt wird natürlich weiterhin fleißig. Ihr Vierbeiner ist mitten im Zahnwechsel, was ein Zeichen für den Übergang ins Junghundealter ist. Auch optisch ist er schon eher ein schlaksiger Junghund als ein kuscheliger Welpe.

Rückschau

Haben Sie die vergangenen Wochen gezielt und bewusst zum Üben mit Ihrem Welpen genutzt? Vielleicht fiel es Ihnen im Trubel des Alltags nicht immer leicht, alles auf ideale Weise umzusetzen. Aber trösten Sie sich, so geht es vielen, und jeder macht auch mal Fehler. Sollten Sie hinsichtlich der Ausbildung noch nicht bei allen Übungen auf dem aktuellen Stand sein, ist das kein Problem. Eine Übung, die auf niedrigerem Niveau zuverlässig klappt, ist auf jeden Fall besser als eine zu schnell aufgebaute, nicht wirklich sitzende Variante. Zwei sehr wichtige Aspekte sollten jetzt allerdings auf »hohem Niveau« funktionieren.

Das Kommen

Zumindest ohne und mit leichter Ablenkung sollte Ihr Welpe sowohl in bekanntem als auch in unbekanntem Gelände auf Ihr Signal »Hier« oder Ihren Pfiff ohne Umwege sofort zu Ihnen kommen und sich nach der Belohnung hinsetzen. Aber machen Sie keine gewagten Experimente. Im Zweifel locken Sie den Welpen mit spannender Stimme und schieben das Kommando erst nach, während der Welpe eindeutig Kurs auf Sie nimmt. Denn was der junge Hund bis jetzt bereits gelernt hat, kann er leicht auch wieder verlernen, wenn man es nicht mehr so genau mit der korrekten Ausführung einer Übung nimmt.

Die Bindung

Ihr kleiner Vierbeiner sollte sich ziemlich ausgeprägt für Sie interessieren und sich grundsätzlich an Ihnen orientieren. Unterwegs bleibt er Ihnen dicht auf den Fersen und hält von selbst Anschluss, auch unter normaler Ablenkung. Später wird er natürlich auch vorauslaufen, jetzt sollte er Ihnen aber noch hinterherlaufen.

Arbeiten Sie auch weiterhin an Ihrer Hund-Mensch-Beziehung durch Bindungsspaziergänge, souveränes Auftreten, Körperkontakt, und bestehen Sie auf Verhaltensregeln, die Ihnen wichtig sind.

Die Bindung des Hundes zu Ihnen fällt natürlich nicht unter Ausbildung, sondern unter die Erziehung. Alles was sonst noch in diesen Bereich gehört, wie etwa kein Verteidigen von Futter, Akzeptieren von Geboten und Verboten, Einhaltung von Ruhephasen und Ähnliches, sollte gegen Ende des Welpenalters beim Vierbeiner angekommen sein. Denn diese Dinge sind wichtige Voraussetzungen für das weitere harmonische Zusammenleben von Zwei- und Vierbeinern.

Nicht zurücklehnen

Sie und Ihr Welpe haben in den letzten zwei Monaten viel zustande gebracht und wichtige Grundlagen für die kommenden Jahre gelegt. Das heißt aber nicht, dass man sich jetzt etwa schon auf den Lorbeeren ausruhen könnte. Ganz im Gegenteil, Hund und Mensch müssen in Übung bleiben, damit sich das Gelernte gut festigt und Sie in den kommenden Monaten darauf aufbauen können.

Schwachstellen erkennen

Auch wenn man noch so bemüht ist, alles richtig zu machen, wird man manchmal von außen »sabotiert«. Das kann die Oma sein, die den Kleinen aller »Anweisungen« zum Trotz gern vom Tisch füttert. Oder aber auch Ihr Kleinkind im Hochstuhl, das rasch erkannt hat, dass man Dinge, die nicht schmecken, über den Rand des kleinen Tischchens schieben kann, wo der Essensrest dann flugs einen dankbaren Abnehmer findet. Bringen Sie den Welpen in seine Box oder binden Sie ihn abseits des Tisches an, dann vermeiden Sie unerwünschte Erfolgserlebnisse.

Oder machen Ihre jüngeren Kinder mit dem Welpen Übungen, die Sie auch trainieren, aber ganz anders als Sie? Schlagen Sie den lieben Kleinen vor, nur mit dem Welpen zu spielen, oder zeigen Sie ihnen Übungsalternativen. Die Kinder könnten den Welpen zum Beispiel durch einen Karton oder Tunnel krabbeln lassen und sich auf diese Weise mit dem Welpen beschäftigen, ohne dadurch Ihre Trainingsbemühungen zunichtezumachen.

Die eine oder andere Schwachstelle wird sich aber vielleicht trotz aller Bemühungen nicht ganz abschaffen lassen. Bleiben Sie trotzdem am Ball. Es ist deshalb nicht alles verloren, aber es dauert länger, bis der Welpe schließlich das von Ihnen erwünschte Verhalten verinnerlicht hat.

Stundenplan

Themen rund um die achte Woche

Rückschau
Schwachstellen erkennen
Konsequenz bei der Ausbildung
Das Kaubedürfnis

Übungen	Wie oft?
Wild und andere Tiere	immer, wenn nötig
Das Alleinbleiben ausbauen	mehrmals pro Woche
Belohnungswort konditionieren	über 2 Wochen
Rufen aus dem Spiel mit Artgenossen	gelegentlich
Warten beim Aussteigen	so oft wie nötig

Konsequenz bei der Ausbildung

Ihr Welpe hat nun über positive Motivation verschiedene Übungen gelernt, und er wird variabel belohnt. Sie haben dadurch bereits trainiert, dass Ihr Welpe Ihre Hörzeichen nicht nur dann befolgt, wenn Sie einen Happen in der Hand haben und er die Aussicht auf eine Belohnung sozusagen direkt vor der Nase hat. Wichtig ist aber außerdem, dass Sie Ihr Hörzeichen nicht drei- oder viermal sagen müssen, bevor der Kleine sich dazu bequemt, die Übung auszuführen. Spätestens beim zweiten Mal sollte der Welpe das tun, was Sie von ihm erwarten. Tut er das allerdings nicht, überdenken Sie bitte die folgenden Punkte:

93

▶ Nimmt der Vierbeiner Sie auch wahr und bekommt mit, was Sie ihm sagen? Nur wenn er Sie ansieht, kommt Ihr Signal bei ihm direkt an.

▶ Sind Sie selbst unkonzentriert oder vielleicht mit den Gedanken ganz woanders? Dann erreichen Sie den Hund nicht. Nehmen Sie sich unbedingt die nötige Zeit und üben Sie keinesfalls unter Stress.

Auch Gehorsamsübungen in der Nähe »jagdbarer« Tiere sind nützlich, um den Hund kontrollieren zu können.

▶ Wie klingt Ihr Hörzeichen? Verbindlich wie eine Anweisung, sodass Sie auf den Welpen klar und souverän wirken? Oder doch eher wie eine Frage oder Bitte oder gar unsicher?

▶ Sprechen Sie in einem ruhigen und klaren Tonfall? Oder vielleicht hektisch und nervös? Dann kommt Unruhe in die Übung, die sich schnell auf den Hund überträgt.

▶ Ist Ihre Körpersprache klar und sicher? Oder wirken Sie eher unsicher und zögerlich oder nervös?

▶ Belohnen Sie wirklich nur das, was Sie von Ihrem Welpen wollen? Oder loben Sie ihn, wenn er beispielsweise sitzt, statt sich ins »Platz« zu legen? Oder wenn er aus dem »Bleib« aufsteht und zu Ihnen kommt, statt sitzen zu bleiben?

▶ Ist die Ablenkung noch zu hoch?

▶ Sitzt die Übung auch wirklich?

Wenn Sie also den einen oder anderen Punkt optimieren, werden Sie rasch einen Erfolg feststellen können. Lassen Sie es aber nicht einfach auf sich beruhen, wenn der Welpe ein Hörzeichen nicht befolgt. Sondern bleiben Sie dran und fordern Sie die Übung zumindest auf einem leichteren Niveau ein. Sonst lernt Ihr Hund, dass er Ihre Hörzeichen nur dann befolgen muss, wenn er gerade Lust dazu hat.

Das Kaubedürfnis

Haben Sie den Eindruck, dass Ihr Welpe zurzeit ein erhöhtes Kaubedürfnis hat und eventuell Dinge »bearbeitet«, die ihn noch gar nicht oder nicht mehr interessiert haben? Wie Sie in der Einleitung lesen konnten, ist Ihr Welpe im Zahnwechsel und hat dadurch ein erhöhtes Kaubedürfnis. Sie üben ja regelmäßig die Körperpflegemaßnahmen. Dabei werden Sie bei der Gebisskontrolle als Erstes die etwas größeren, weißen Schneidezähne entdecken.

Geben Sie dem Hundekind jetzt häufiger etwas zum Kauen aus dem Zoofachgeschäft, beispielsweise Pansensticks, Kauröllchen oder auch ein Kauspielzeug. Bevorzugte unerlaubte Kauobjekte machen Sie am besten für den Hund unzugänglich oder räumen sie für die nächste Zeit weg.

In der Zeit des Zahnwechsels kann es passieren, dass Sie Blut beispielsweise am Spielzeug oder aber am Kauobjekt finden. Das ist kein Grund zur Sorge und bedeutet lediglich, dass soeben wieder ein Zähnchen ausgefallen ist. Ausgefallene Zähne werden Sie aber nur selten finden, denn oft frisst der Hund sie samt seinem Futter oder dem Kauobjekt.

Kontrollieren Sie häufiger das Gebiss des kleinen Vierbeiners. Fällt ein Milchzahn über einige Wochen nicht aus, obwohl der bleibende schon da ist, gehen Sie zu Ihrem Tierarzt. Er wird den Milchzahn ziehen.

Wild und andere Tiere jagen

Jeder Hund hat einen mehr oder auch weniger ausgeprägten Jagdinstinkt, der sich im Lauf des Heranwachsens entwickelt. Zwar wirkt es auf Menschen putzig, wenn der Welpe auf die Enten, die am Ufer sitzen, zuhoppelt oder einer Katze hinterherlaufen möchte. Doch bereits hier heißt es: »Wehret den Anfängen.«

So klappt es: Durch gezieltes Spielen hat Ihr Welpe ein Spielzeug, das er besonders gern mag und welches er nicht zur freien Verfügung hat. Sie haben es unterwegs schon ein wenig zur Ablenkung eingesetzt. Jetzt kommt es bei dem hohen Reiz einer »Beute« zum Einsatz.

▶ Ihr Welpe hat Krähen, eine Katze, ein frei laufendes Schaf oder Ähnliches entdeckt und ist noch nicht losgerannt. Machen Sie ihn auf sich aufmerksam. Ihre Stimme klingt spannend, aber halten Sie keine Rede. Wenn Sie ein Spielsignal haben, dann sagen Sie es jetzt.

▶ Schaut sich Ihr Welpe zu Ihnen um, haben Sie das Spielzeug bereits in der Hand, »wedeln« damit und bewegen sich

Körperkontakt und Spielen mit seinem Menschen sind auch am Ende der Welpenzeit und darüber hinaus wichtig.

Geben Sie dem Welpen regelmäßig etwas zum Kauen. Das hilft beim Zahnwechsel und schont Ihre Einrichtung.

vom Welpen weg. Wenn er kommt und dicht bei Ihnen ist, fordern Sie ihn, je nach Vorliebe, zum Zerrspiel auf oder werfen das Spielzeug in die zur »Beute« entgegengesetzte Richtung. So bieten Sie Ihrem Welpen eine entsprechend reizvolle Alternative.

▶ Steht Ihr Vierbeiner nicht so auf Spielzeug, aber umso mehr auf Futter? Dann fliegen ein oder mehrere Happen.

▶ Ist er schon unterwegs zur »Beute«? Dann drehen Sie sich »stumm« um und entfernen sich flott. Verstecken Sie sich hinter einem Busch oder laufen Sie weg. Ihr Welpe ist eigentlich gewohnt, darauf zu achten, den Anschluss nicht zu verlieren. Also wird ihm das irgendwann einfallen. Sie sind aber nun schon weg. Pech gehabt! Lassen Sie ihn etwas »zappeln«, falls Sie sich versteckt haben und er sie nicht gleich findet. Das wird eine heilsame Erfahrung für ihn sein.

Variante: Ist Ihr Jungspund im Befolgen der Übung Kommen perfekt? Dann können Sie ihn auch zu sich rufen. Entweder gleich mit dem Signal »Hier« oder mit der Hundepfeife bzw. nachdem er sich auf Ihre spannende Stimme hin zu Ihnen umsieht. Zusätzlich laufen Sie noch weg. Aber Vorsicht – rufen Sie ihn mit Ihrem Komm-Signal nur dann, wenn Sie auch wirklich sicher sind, dass er es ohne zu zögern befolgt! Verwenden Sie das Komm-Signal also lieber einmal zu wenig als zu viel.

Das Alleinbleiben ausbauen

Das Alleinbleiben haben Sie in den letzten Wochen schrittweise geübt (→ Seite 46). Ihr Welpe akzeptiert ohne Protest, wenn Sie in einem anderen Raum sind, und er bleibt auch ungefähr zwei Stunden allein zu Hause. Dehnen Sie nun die Zeit langsam weiter aus. Bei dem einen Hund geht das schneller, beim anderen dauert es länger. Zugute kommt Ihnen und Ihrem Hund dabei, wenn er es gewohnt ist, dass nicht ständig Action ist und er Ruhephasen einhält, auch wenn es zu Hause etwas turbulenter zugeht (→ Seite 74).

Achten Sie aber auch jetzt noch immer darauf, dass Ihr Hund sich lösen und etwas austoben konnte, bevor er allein bleiben muss. Sie können ihn problemlos in seiner Box allein lassen, wenn er sie gewöhnt ist. Aber ist die Box auch noch groß genug? Ihr Welpe ist in den vergangenen Wochen schon ordentlich gewachsen. In der Box können Sie ihn aber nur lassen, wenn er sich darin bequem bewegen, stehen und auch ausgestreckt hinlegen kann.

Wenn Sie mehrere Stunden wegmüssen, ist es ratsam, den Jungspund bei Bekannten oder Nachbarn unterzubringen oder jemanden für diese Zeit ins Haus zu holen. Denn ist der Welpe zu lange allein, kann das später zu Problemen mit dem Alleinbleiben führen. Der vielleicht jetzt höhere Aufwand zahlt sich also später vielfach aus.

Sie können den Knirps an seinem Platz anbinden, etwa während Sie essen. Nie jedoch, wenn er alleine zu Hause bleiben soll.

Bitte beachten: In manchen Haushalten ist es nicht nötig, dass der Hund allein bleibt, weil er entweder immer dabei ist, immer jemand zu Hause ist oder noch ein zweiter Hund im Haushalt lebt.

Ich rate Ihnen aber, den Vierbeiner trotzdem gezielt an das Alleinbleiben zu gewöhnen. Man weiß nie, ob es nicht doch mal notwendig sein wird, den Hund allein zu lassen. Kennt der Vierbeiner diese Situation jedoch überhaupt nicht, hat man unter Umständen ein größeres Problem, das sich dann nicht auf die Schnelle lösen lässt.

Belohnungswort konditionieren

Um Ihren Vierbeiner auch zeitverzögert mit einem Happen belohnen zu können, ist es möglich, ihn auf ein Belohnungswort zu konditionieren, das ihm eine darauffolgende Belohnung verspricht.

Suchen Sie sich dazu ein exklusives Wort aus, welches Sie sonst nicht verwenden und das der Hund von niemandem in einem ganz anderen Zusammenhang hört, zum Beispiel »Spitze« oder »Treffer«.

So klappt es: Gehen Sie mit Ihrem Vierbeiner und einer Portion kleiner, weicher Happen in einen ruhigen Raum.

▶ Sagen Sie Ihr Wort für die folgende Belohnung und geben Sie ihm gleich darauf einen Happen. Das wiederholen Sie fünf- bis zehnmal nacheinander.

▶ Wenn Sie das zwei- bis dreimal täglich über zwei Tage verteilt trainieren, bedeutet das Wort für Ihren Welpen: »Das habe ich also toll gemacht. Und gleich bekomme ich dafür einen Happen.«

▶ Nach diesen Trainingseinheiten können Sie bereits testen, ob Ihr Kleiner schon etwas mit Ihrem Wort verbindet. Wenn er gerade in Ihrer Nähe ist und nichts Besonderes tut, sagen Sie doch einfach einmal Ihr Wort. Schaut er erwartungsvoll

TIPP

Körperkontrolle ausbauen

Sie haben den Welpen daran gewöhnt, dass Sie ihn überall anfassen können. Üben Sie das hin und wieder auch mit Menschen aus dem Bekannten- und Verwandtenkreis. Oder mit einem Hundebesitzer, den Sie kennen. Derjenige sollte aber ein Gefühl für Hunde haben. Er muss nicht alles kontrollieren, sondern beispielsweise die Ohren und die Vorderpfoten oder die Zähne und das Fell. Auch mit Ihrem Tierarzt und seinem Team können Sie das üben, ohne dass der Hund eine Verletzung hat. Vielleicht geben Sie den Hund einmal in Pflege, dann ist es gut, wenn er sich im Falle eines Falles auch von jemand anderem etwa einen Dorn aus der Pfote ziehen lässt.

zu Ihnen? Dann hat er schon verstanden, worum es geht. Diesen Test machen Sie aber nur einmal. Wir werden das Wort später noch einsetzen.

Bitte beachten: Beim Konditionieren auf ein Belohnungswort kommt es nicht auf Ihren interessanten, motivierenden Tonfall an, denn Sie müssen den Welpen hier nicht bestärken. In diesem Fall kommt es allein auf die Verknüpfung des Wortes mit dem Happen an.

Nehmen Sie das Leckerchen stets erst dann in die Hand, wenn Sie das Wort gesagt haben. Haben Sie schon einmal etwas vom Clickertraining gehört (→ Bücher, die weiterhelfen, Seite 166)? Dieses basiert auf demselben Prinzip.

Übung **1** Der Welpe muss Sie anschauen.

Übung **2** Jetzt lassen Sie ihn loslaufen.

Rufen aus dem Spiel

Ihr Hundekind freut sich natürlich, wenn es ab und zu mit Artgenossen spielen darf. Doch hier ist es wichtig, dass sich der Welpe dabei an Ihnen orientiert und wartet, bis Sie ihm die Kontaktaufnahme erlauben. Zumindest dann, wenn er zuvor angeleint war. Jedes Spiel hat aber auch ein Ende. Allerdings nicht erst dann, wenn der Jungspund beschließt, dass es vorbei ist, sondern sein Zweibeiner. Das Kommen haben Sie nun schon über viele Wochen geübt, auch unter leichter Ablenkung. Jetzt rufen Sie ihn aus dem Spiel.

So klappt es: In der Nähe taucht ein Artgenosse auf, mit dem Sie Ihren Welpen spielen lassen möchten. Sie haben den Kleinen angeleint, oder er läuft frei nahe bei Ihnen. Falls er ein Stück entfernt ist, rufen Sie ihn zu sich.

▶ Lassen Sie ihn sitzen. Ist er angeleint, nehmen Sie die Leine ab und halten den Welpen, wenn nötig, während er sitzt, leicht am Halsband fest. Nun fordern Sie mit dem Signal »Schau« Blickkontakt. Erst wenn er das macht und Sie ein paar Sekunden anhaltend anschaut, kommt Ihr Auflösungshörzeichen. Er darf losflitzen und mit dem anderen Vierbeiner toben.

▶ Jetzt wird es spannend – Sie wollen weitergehen, und Ihr Welpe soll aus dem Spiel zu Ihnen kommen! Warten Sie einen günstigen Moment ab. Es hat wenig Sinn, ihn zu rufen, wenn er gerade unter dem anderen liegt. Da ist er gehandicapt und bekommt womöglich gar nicht mit, dass Sie rufen. Wenn er aber oben ist, eventuell sogar in Ihre Richtung läuft oder vielleicht gerade stehen bleibt und überlegt, was er tun soll, dann ist ein guter Zeitpunkt gekommen. Ideal ist es, wenn Sie einen Moment erwischen, in dem er kurz Ausschau nach Ihnen hält. Außerdem sollten Sie nicht mehr als ein paar Meter von ihm entfernt sein, damit er Sie noch auf seinem »Radarschirm« hat.

▶ Rufen Sie ihn jetzt einmal und deutlich. Falls Sie Ihren Welpen auch auf eine Hundepfeife konditioniert haben, verwen-

Übung 3 Ausgelassen spielen die Hundekinder.

Übung 4 Sie rufen ihn und laufen gleichzeitig weg.

den Sie diese. Ist er nämlich ins Spielen vertieft, kommt der Pfiff besser an als ein gesprochenes Hörzeichen. Sind Sie unsicher, ob er Ihr Signal befolgt, wenn er seine Aufmerksamkeit nicht auf Sie gerichtet hat, machen Sie ihn mit spannender Stimme (etwa »Oh, schau mal, was da ist« oder ähnlich) auf sich aufmerksam und rufen oder pfeifen erst dann, wenn der Welpe Sie wahrnimmt und kurz zu Ihnen schaut. In dem Moment, in dem Sie rufen oder pfeifen, laufen Sie weg. Achten Sie darauf, dass Sie diesen kurzen Moment nicht übersehen!

▶ Unterwegs schauen Sie aus dem Augenwinkel, ob er kommt, und holen schon mal eine Extraportion Belohnungshappen aus der Tasche. Denn die hat sich Ihr Welpe wirklich verdient!

▶ Kurz bevor er bei Ihnen ist, gehen Sie in die Hocke, nehmen ihn freundlich in Empfang und geben ihm seine Häppchen. Aber aufmerksam bleiben – nicht dass der Kleine nur seine Leckerchen schnappt und wieder abdüst! Lassen Sie ihn – wie gewohnt – nach der Belohnung sitzen.

Übung 5 Dafür gibt es jetzt eine Extraportion!

99

Warten beim Aussteigen

Kommt Ihnen das bekannt vor? Man öffnet die Heckklappe des Wagens, die Box oder die Autotür, und schon springt der Welpe mit Schwung auf den Arm, oder er ist gar schon auf dem Boden. Mit der Zeit wird die eigene Reaktion immer besser, und man steht schon angespannt in »Auffangposition«, wenn man das Auto öffnet, und hofft, dass man den Vierbeiner auch dieses Mal wieder im richtigen Moment erwischt.

Aber finden Sie das gut? Vermutlich nicht. Abgesehen davon, dass der Welpe wegen der Belastung seiner Gelenke nicht aus dem Auto springen soll, ist es zu seiner eigenen Sicherheit wichtig, dass er stets erst dann das Auto verlässt, wenn Sie es erlauben oder auch einfach deshalb, weil Sie es so wollen.

Auch hier geht es wieder darum, dem Hund zu zeigen, dass er mit dem bisherigen Verhalten keinen Erfolg mehr hat. Aber es geht natürlich auch darum, selbst wieder ein Stück weit mehr zu lernen, wie Sie dem Hund vermitteln, was er tun soll. Denn wenn Sie das nicht tun, kann der Vierbeiner letztlich nicht anders, als so zu handeln, wie er es für richtig hält oder wonach ihm gerade der Sinn steht.

So klappt es: Der Welpe befindet sich im stehenden Auto. Es gibt keine Ablenkung drum herum.

▶ Stellen Sie sich wie gewohnt an das Auto und öffnen Sie die Tür der Hundebox (oder die Heckklappe bzw. die Autotür). Jetzt aufpassen – in dem Moment, in dem der Welpe auch nur die kleinste Bewegung Richtung »Ausgang« macht, schließen Sie die Tür. Anfangs müssen Sie schnell sein, denn er ist es ja gewohnt, sich ruck, zuck »herauszuwerfen«. Verdutzt wird er nun in seiner Box oder im Auto sitzen.

▶ Warten Sie einige Momente. Auf jeden Fall so lange, bis der Welpe sich ruhig verhält. Dann öffnet sich für ihn die Tür wieder. Begibt sich der Welpe nun erneut von sich aus Richtung

Übung 1   Der Welpe drängt zu weit heraus.

Übung 3   Brav wartet der Kleine bei offener Tür.

Übung | 2 | Schon ist die Tür wieder zu.

Übung | 4 | Jetzt heben Sie ihn heraus.

Ausgang? Sofort schließen Sie die Tür der Box wieder (die Heckklappe bzw. Autotür wird angelehnt).

▶ Das wiederholen Sie auf diese Weise nun so oft, bis der Welpe keinerlei Anstalten mehr macht, sich in Richtung Tür zu bewegen, wenn Sie diese öffnen. Erst jetzt heben Sie Ihren kleinen Vierbeiner heraus.

▶ Wenn Ihr Welpe jedes Mal ruhig in der Box bleibt, wenn Sie sie öffnen, können Sie das Signal »Sitz« hinzufügen. Wenn Sie ihn herausheben, vergessen Sie bitte nicht, Ihr Auflösungszeichen zu nennen.

▶ Auch wenn Ihr Hund aus dem Auto gehoben wurde, bleibt er zu seiner eigenen Sicherheit unter Kontrolle. Am besten gewöhnen Sie sich und damit auch ihm an, ihn danach ebenfalls sitzen zu lassen. Läuft er nämlich gleich los, kann er leicht einen Unfall verursachen, wenn etwa ein Radfahrer oder ein Auto vorbeifährt. Bleiben Sie konsequent, auch falls Sie mal in einem Gebiet parken sollten, wo weit und breit keine Gefahr droht. Ihr Hund kann diesen Unterschied nicht erkennen.

Bitte beachten: Wenn Sie mit dem Welpen irgendwo hingefahren sind, haben Sie unter Umständen nicht genügend Zeit und Muße, das Warten beim Aussteigen wirklich durchzuziehen. Üben Sie deshalb am Anfang am besten, wenn Sie nirgendwo hinmüssen und das Auto zu Hause steht.

▶ Während Sie das Warten üben, sprechen Sie nicht mit dem Hund. Es ertönt also kein »Nein« oder »Lass das« bzw. gar Schimpftiraden, wenn er Anstalten zum eigenständigen Aussteigen macht. Erstens kann er nichts dafür, denn er kennt es bisher nicht anders, und sonst war sein Verhalten immer okay. Zweitens bringen Sie dadurch nur Unruhe in die Situation. Das wäre kontraproduktiv.

▶ Bleiben Sie cool und emotionslos. Sie werden erstaunt sein, wie schnell Ihr vierbeiniger Junior es lernt, relax bei offener Tür im Auto zu sitzen!

Was tun, wenn es Probleme gibt?

Hunde sind unterschiedlich, genau wie auch die Menschen, bei denen sie leben. Daher kann in der Welpenzeit durchaus das eine oder andere Problem(-chen) auftauchen. Aber die lassen sich in aller Regel wieder beheben.

Kinder und »freche« Welpen

Situation

Unsere beiden acht- und neunjährigen Kinder möchten mit unserem Welpen ebenso üben wie mein Mann oder ich. Doch der Kleine macht nicht wirklich mit, springt an den Kindern hoch, zwickt sie, beißt in die Leine und ist kaum zu bändigen. Was raten Sie uns?

Ursache und Abhilfe

Erst kürzlich hatte ich solch einen kleinen wilden Vierbeiner in meiner Welpengruppe, mit einer Mutter und ihrer neunjährigen Tochter, die unbedingt auch mit dem neuen Familienmitglied üben wollte.

Doch Hunde nehmen Kinder oft nicht ernst, denn Kinder können sich in der Regel noch nicht so klar und souverän geben wie Erwachsene. Auch Unsicherheit spielt – bei aller Liebe zum Welpen – oft eine große Rolle, besonders dann, wenn das Hundekind schon relativ groß ist und in Relation zum Kind auch schon über gewisse Kräfte verfügt. Das kann dann dazu führen, dass sich ein Kind überfordert fühlt und hektisch wird. Ein Hörzeichen wird dann leicht einmal laut und wiederholt gesagt, wie zum Beispiel »Sitz!, Sitz!, Sitz!«, und das Ganze vielleicht noch in einer relativ hohen, aufgeregten Stimmlage. Der Welpe wird auf diese Weise hochgepusht. Woraufhin das Kind dann vielleicht laut und schrill »Aus! Aus!« ruft und dabei die Arme hochreißt. Das wiederum veranlasst den Welpen, erst richtig »Gas« zu geben und erst recht an dem Kind hochzuspringen und es zu zwicken. Die Situation schaukelt sich auf.

▶ Machen Sie jedem Ihrer Kinder den Vorschlag, erst dann mit dem Hundekind zu üben, wenn sich dieses schon ein wenig ausgetobt hat. Ein Kind fühlt sich dann sicherer und kann Ihre Körpersprache nachahmen.

▶ Gerät der kleine Vierbeiner vorübergehend ganz außer Rand und Band, verschaffen Sie ihm zunächst eine Auszeit, und vertagen Sie die gemeinsame Übungseinheit auf eine ruhigere Phase, in der auch Ihr Kind entspannt ist.

▶ Kinder lieben ebenso wie Hunde Rennspiele. Läuft aber das Kind vor dem Hund davon, vielleicht noch rufend und schreiend, darf man sich nicht wundern, wenn der Welpe dem Kind hinterherläuft und nach dessen Kleidung oder Beinen schnappt. In diesem Fall sollten Sie Ihrem Kind Alternativen aufzeigen. Es könnte beispielsweise dem jungen Hund statt wilder Verfolgungsspiele einen Ball rollen, dem der Vierbeiner hinterherjagen darf.

Angst vor Artgenossen

Situation

Unser Welpe hat vor jedem Artgenossen Angst. Woran kann das liegen, und was können wir dagegen tun?

Ursache und Abhilfe

Bedeutet die Begegnung mit Artgenossen viel Stress für Ihren Welpen, kann das im schlimmsten Fall dazu führen, dass Ihr Hund später angstaggressiv reagiert. Die Ursachen können unterschiedlich sein.

▶ Haben Sie selbst Angst, wenn Sie auf einen anderen Hund treffen? Dann überträgt sich Ihre Angst auf Ihren Welpen. Bleiben Sie entspannt. Fällt Ihnen das bei fremden Hunden schwer, verabreden Sie sich mit bekannten Hundebesitzern, deren Hunde für Ihren Welpen geeignete Spielpartner sind und die Ihnen keine Angst machen.

▶ Auch der Besuch einer schlecht geführten Welpengruppe, in der Ihr Welpe von größeren Artgenossen untergebuttert wird und der Trainer nicht eingreift, weil er der Ansicht ist, die Hunde müssten alles unter sich ausmachen, kann Ursache sein. Auch wenn zu viele Welpen oder sogar rüpelige Junghunde in der Welpengruppe sind, kann ein Hundekind darunter leiden. In dem Fall wäre es gut, diese Welpengruppe zu verlassen.

▶ Wechseln Sie in eine kleine Welpengruppe, die ängstliche und sehr kleine Welpen auch jenseits der 16. Woche aufnimmt und in welcher der Trainer Ihnen hilft. Hier sollte dann erst einmal ein Kontakt mit einem einzelnen, ruhigeren Welpen möglich sein. Beschäftigen Sie sich mit diesem, während Ihr Kleiner bei Ihnen ist. So vermitteln Sie ihm, dass er keine Angst zu haben braucht. Mit der Zeit wird Ihr Hundekind wieder Vertrauen entwickeln.

▶ Vielleicht kennen Sie im Bekanntenkreis einen ruhigen, sozialverträglichen Hund. Treffen Sie sich häufiger mit diesem Hundehalter und seinem Vierbeiner. So wird Ihr Kleiner seine Angst nach und nach abbauen können.

Der Welpe »protestiert«

Situation

Unser Welpe wird unwirsch, kläfft uns an und zwickt uns sogar, wenn wir ihm beispielsweise etwas verbieten oder er zu umtriebig ist. Was müssen wir ändern?

Ursache und Abhilfe

Überprüfen Sie Ihr Verhalten und was Sie Ihrem Welpen damit signalisieren.

▶ Schimpfen Sie ihn etwa so: »Ja, hörst du jetzt auf, was machst du denn da schon wieder?« Oder: »Gibst du jetzt endlich mal Ruhe!« Genau da liegt das Problem. Solchen Schimpftiraden kann Ihr Vierbeiner nichts entnehmen, außer dass Sie ziemlich aufgeregt und hektisch sind und auf ihn »losgehen«. Ein sehr ruhiger oder zart besaiteter Welpe verdrückt sich eventuell verunsichert – ohne zu verstehen, was Sie eigentlich von ihm wollen.

▶ Ein selbstsicheres Energiebündel wird protestieren und sich von Ihrer Hektik anstecken lassen. Das macht die Sache schlimmer statt besser. Also immer unemotional, sachlich, klar und ohne Hektik reagieren. Das gilt sowohl für die Körpersprache wie auch für Ihre Stimme.

▶ Verschaffen Sie Ihrem Welpen eine Auszeit, wenn er überdreht. Das bringt ihn wieder zur Ruhe.

▶ Hat er häufig Gelegenheit, etwas anzuknabbern, was er nicht darf, überprüfen Sie Ihre Wohnung. Sonst wird er ständig korrigiert. Auch das hat oft Protest zur Folge.

Bis zum ersten Jahr:
Folgetraining
für Ihren Junghund

Ein neuer Abschnitt beginnt! Mit etwa 16 Wochen endet die Welpenzeit, der anfangs hilflose »Kleine« wird ein zunehmend unabhängiger Junghund und ist auf dem Weg zum Erwachsensein. Aber das dauert noch, und es liegen noch viele Monate des Lernens und der Entwicklung vor ihm – und auch vor Ihnen. Haben Sie die Welpenzeit gut genutzt? Dann wird sich in der nächsten Zeit zeigen, ob Sie für Ihren Hundeteenie zu einer Leitfigur geworden sind, die er respektiert, der er vertraut und die ihm Sicherheit gibt. So manches Problem stellt sich dann erst gar nicht oder nur in einer abgemilderten Form.

Die Ausbildung geht weiter

Der folgende Teil dieses Ratgebers begleitet Sie durch die nächsten acht Monate mit Ihrem Vierbeiner. Er gliedert sich in vier Abschnitte, in denen jeweils zwei Monate zusammengefasst sind. Anders als im ersten Teil beziehen sich die Monatsangaben auf das tatsächliche Alter des Hundes.

Auf den Grundlagen aufbauen

In der Welpenzeit haben Sie die Grundlagen der Erziehung und Ausbildung gelegt, auf denen Sie jetzt aufbauen können. Denn bis zum Ende des ersten Lebensjahres sollte der Hund sein Grundprogramm in der Ausbildung absolviert haben, damit er Sie in Ihrem Alltag problemlos begleiten kann. Er kann sich nach und nach besser und länger konzentrieren, sodass die Übungseinheiten allmählich ausgedehnt und die einzelnen Übungen ausgebaut werden. Gehen Sie wieder Schritt für Schritt vor, und gestalten Sie eine Übung erst dann anspruchsvoller, wenn sie wirklich sitzt.

Ein Blick in die Zukunft

An seinem ersten Geburtstag sind Ausbildung und Erziehung Ihres Hundes nicht zu Ende. Gelerntes muss erhalten bleiben, sonst verlernt es der Hund im Lauf der Zeit wieder. Dadurch, dass der Vierbeiner »frei« mit uns lebt, findet Kommunikation und Interaktion zwischen Mensch und Hund immer statt, ob zu Hause oder unterwegs. Aber genau das ist das Schöne am Zusammenleben mit einem Hund ...

Die Bindung festigen

Auch die Bindung sollten Sie weiter im Auge behalten. Der Nachfolgeinstinkt, der für einen hilflosen Welpen in der Natur überlebenswichtig ist und den Sie sich für den Bindungsaufbau zunutze gemacht haben, verliert sich jetzt bald. Doch dass der Vierbeiner von sich aus darauf achten muss, den Anschluss an Sie nicht zu verlieren, haben Sie ihm über Wochen »eingetrichtert«, und deshalb wird es auch jetzt funktionieren. Anders als der Welpe braucht der Junghund nun nicht mehr ständig hinter Ihnen zu bleiben. Er kann durchaus vorauslaufen oder auch einmal abbiegen. Aber er sollte von sich aus innerhalb eines begrenzten Radius bleiben und immer wieder nach Ihnen schauen.

Ihr souveränes Auftreten ist auch in Zukunft sehr wichtig, ja sogar noch wichtiger, weil der Junghund Ihre Führungseigenschaften hin und wieder testen wird (→ Seite 110). Körperkontakt und das Spiel mit Ihnen sowie Ge- und Verbote festigen weiterhin die Bindung und Ihre Leitfunktion.

Ihre innere Einstellung zum Hund

In den beiden zurückliegenden Monaten haben Sie im Umgang mit Ihrem Vierbeiner schon vieles darüber erfahren, wie ein Hund »tickt«, und erlebt, wie der Hund auf Sie reagiert. Haben Sie das Gefühl, dass manche Übungen schneller klappen als andere oder der Hund manche Regeln besser akzeptiert als andere? Besonders jetzt, wo der junge Hund unabhängiger wird und Ihre Führungsqualitäten auch mal austestet, hängt viel von Ihrer inneren Einstellung ab.

Hunde untereinander

Hunde und Wölfe verständigen sich mit ihresgleichen überwiegend nonverbal, also ohne Laute, aber durch viele fein differenzierte körpersprachliche Signale. Die Ausdrucksmöglichkeiten des Hundes veränderten und vergröberten sich im Vergleich zum Wolf zwar durch die Domestikation, die Körpersprache ist dennoch das Hauptverständigungsmittel von Hund zu Hund.

Von Mensch zu Hund

Unsere Körpersprache ist, wie Sie bereits wissen, ebenso ein wertvolles Instrument in der Kommunikation zwischen Hund und Mensch und wird daher gezielt eingesetzt. Doch signalisieren Sie auch wirklich immer das, was Sie vermitteln möchten? Mitnichten, denn die körpersprachlichen Botschaften senden Sie auch völlig unbewusst aus. So kommt manches ganz anders beim Hund an, als Sie denken. Woraufhin der Vierbeiner dann anders reagiert als erwartet.

Dazu ein Beispiel: Sie üben, dass Ihr Vierbeiner vor dem vollen Napf auf Ihr Auflösungshörzeichen wartet. Aber eigentlich finden Sie das dem Hund gegenüber ziemlich »hart«. Sie treten nun unbewusst viel weniger entschlossen auf, als wenn Sie von dieser Übung völlig überzeugt wären. Ihre Körperhaltung ist »lascher«, Ihre Mimik wirkt unbeteiligt, die Stimme klingt »langweilig« oder sogar zögerlich. Ihr Hund wird sich jetzt sehr wahrscheinlich nur ganz kurz oder ansatzweise setzen, um sich anschließend ohne Umschweife seiner Mahlzeit zu widmen. Sind Sie jedoch »wild entschlossen« und von der Übung überzeugt, wird Ihre Körperhaltung straffer sein, Ihre Bewegungen eindeutiger, Ihre Mimik ernsthaft und Ihre Stimme freundlich, aber verbindlich – kurz, Sie strahlen Souveränität aus. Probieren Sie das doch einmal ohne Hund aus. Versetzen Sie sich in beide Szenarien und beobachten Sie sich. Merken Sie den Unterschied?

Das ist nur ein Beispiel. Ihre innere Haltung ist immer wichtig, wenn Sie mit dem Hund kommunizieren und ihm vermitteln möchten, dass er etwas tun oder auch lassen soll.

Den Hund reglementieren

Als Rudeltier will sich der Hund auf jemanden verlassen können. Denn ein fähiger Rudelführer ist in der Natur ein wichtiger Garant für das Überleben des Rudels. Wie Sie sehen, wirkt es auf einen Hund also positiv, wenn Sie sein Leben für ihn regeln. Sie sorgen für ihn, halten Gefahren fern und treffen Entscheidungen. So kann er sich auf Sie verlassen und orientiert sich an Ihnen.

Fehlt der Rudelführer, ist das Rudel konfus und verunsichert. Das ist beim Hund nicht anders. Er hat dann keine andere Möglichkeit, als das zu tun, was er für richtig hält, und sich selbst um sich zu kümmern. Gerade in der Junghundezeit, in der der Vierbeiner unabhängiger wird, müssen Sie sich nun als fähige Leitfigur bewähren.

Verhalten Sie sich klar und souverän, wird Ihr Vierbeiner seine Aufmerksamkeit erwartungsvoll und gerne auf Sie richten.

Checkliste

Wohlfühlprogramm für Vierbeiner

Natürlich möchten Sie, dass Ihr Hund sich rundum wohl bei Ihnen fühlt. Doch was braucht er dazu, und woran erkennen Sie, dass es Ihrem Liebling gut geht? Ein wichtiger Punkt gleich zu Anfang: Lassen Sie ihn Hund sein und behandeln Sie ihn auch so. Eine Vermenschlichung überfordert den Vierbeiner und führt zu Missverständnissen. Hier finden Sie die wichtigsten Aspekte, wie Sie Ihrem vierbeinigen Liebling ein angenehmes Leben bereiten können.

● So fühlt sich der Hund wohl

- ▸ Engen Kontakt zu seinen »Rudelmitgliedern« – also keine Haltung im Zwinger.
- ▸ Sicherheit, Führung und Geborgenheit durch einen souveränen, vertrauensvollen Zweibeiner.
- ▸ Täglich genügend Ruhephasen und Zeit zum Schlafen.
- ▸ Körperkontakt durch ruhiges Streicheln und Kraulen, zum Beispiel hinter den Ohren, an Wangen, Rücken, Brust, sowie Kontaktliegen (alles je nach Hundetyp).
- ▸ Spielen mit seinem Zweibeiner.
- ▸ Regelmäßig Futter und stets Wasser.
- ▸ Täglich Gelegenheit zum Freilauf mit Zeit zum Erkunden des Geländes.
- ▸ Mentale Auslastung durch gezielte Beschäftigung und Gestaltung der Spaziergänge.
- ▸ Körperliche Auslastung durch Bewegung, die seinem Alter entspricht.
- ▸ Gelegentlicher Kontakt zu Artgenossen.

● So zeigt er es

- ▸ Der Hund frisst normal.
- ▸ Er ist ausgeglichen und fröhlich.
- ▸ Der Vierbeiner sucht die Nähe zu seinem Zweibeiner und ist gern dabei, ohne aufdringlich zu sein.

● Das mag der Hund nicht

- ▸ Wenn zu Hause ständig zu viel Trubel herrscht.
- ▸ Wenn er nie frei laufen darf, sondern nur an der Leine geführt wird.
- ▸ Wenn sein Zweibeiner launisch und für ihn nicht berechenbar ist.
- ▸ Wenn sein Mensch im Umgang mit ihm hektisch, nervös und ungeduldig ist.
- ▸ Wenn er zu viel Zuwendung wie ständiges Streicheln und Tätscheln bekommt.
- ▸ Wenn sein Mensch ihn »zutextet« und/oder sehr laut mit ihm spricht.
- ▸ Wenn es an Rückzugsmöglichkeiten mangelt.
- ▸ Einen grundsätzlich körperlich groben Umgang.

● So zeigt er es

- ▸ Der Vierbeiner wirkt gestresst und hektisch.
- ▸ Er ist hyperaktiv und findet keine Ruhe.
- ▸ Seine Körpersprache wirkt unsicher und gedrückt.
- ▸ Sein Fell ist voller Schuppen.
- ▸ Er zeigt häufig Übersprunghandlungen und Konfliktsignale.
- ▸ Er hat plötzlich Probleme mit der Stubenreinheit oder zeigt Zerstörungswut.
- ▸ Er verhält sich übermäßig unterwürfig.
- ▸ Er zeigt übersteigerte Körperpflege.

Was passiert in der Junghundezeit?

Auf dem Weg zum Ende des ersten Lebensjahres tut sich noch einiges in der Entwicklung Ihres Vierbeiners. Bei den wilden Vorfahren unserer Haushunde beginnt jetzt die Zeit, in der die Jungwölfe auf zunehmend längere Ausflüge mitgenommen werden. Sie lernen mehr von ihrer Umwelt kennen, lernen das Jagen und werden fit fürs Leben gemacht. Auch der Junghund interessiert sich zunehmend für seine Umgebung und »klebt« nicht mehr so am Menschen wie als hilfloser Welpe. Sein Interesse an der Umwelt wird größer, und er ist voller Tatendrang und Unternehmungslust.

1 Die körperliche Entwicklung

Sie werden feststellen, dass sich Ihr Hund weiter verändert. Das welpenähnliche Aussehen verliert sich nach und nach – er wird ein schlaksiger Junghund. Manchmal wächst er ungleichmäßig, sodass er zeitweise recht »unausgegoren« aussieht. Nun bewegt er sich auch nicht mehr tapsig, sondern ist ausgesprochen sicher unterwegs und – je nach Temperament und Agilität – ziemlich schnell. Sein Radius wird grö-

Die weitere Festigung der Bindung ist in der Junghundezeit ein besonders wichtiger Aspekt.

ßer. Gute Bindungsarbeit im Welpenalter zahlt sich jetzt aus. Der Junghund entwickelt mehr Kraft. Wurde beim Welpen nicht darauf geachtet, dass er sich das Zerren an der Leine gar nicht erst angewöhnt, wird der Spaziergang – je nach Größe des Hundes – jetzt häufig zum regelmäßigen Kräftemessen zwischen Zwei- und Vierbeiner.

Ihr Jungspund ist nun voller Energie und Tatendrang und wesentlich belastbarer als ein Welpe. Daher können Sie die Spazierstrecken im Lauf der Monate ausdehnen. Mit neun Monaten darf ein Spaziergang schon eine Stunde dauern. Überlastet werden sollte Ihr Hund jedoch nicht. Also keine Sprünge über Hindernisse oder aus dem Heck des Autos heraus und Ähnliches. Falls Sie joggen gehen, kann der Junghund Sie ab etwa acht Monaten in moderatem Tempo auf kürzeren Strecken hin und wieder mal begleiten, nicht aber über mehrere Kilometer oder in schnellem Tempo.

2 Die Geschlechtsreife

Die meisten Hunde werden im Lauf des zweiten Halbjahres geschlechtsreif, kleinere Rassen früher als große. Darunter gibt es besonders frühreife, aber auch Spätzünder, die erst jenseits des ersten Geburtstags ihre Geschlechtsreife erreichen. Rüden sind das ganze Jahr über am anderen Geschlecht interessiert und fortpflanzungsfähig, Hündinnen nur während der Läufigkeiten (etwa alle 6 bis 9 Monate).

Der Junghund entdeckt zunehmend mehr Interessen. Da versucht man dann einfach, seinen Zweibeiner mal zu »überhören«.

Der Rüde wird geschlechtsreif

Beim Rüden kündigt sich die Geschlechtsreife dadurch an, dass er beginnt, beim Entleeren der Blase ein Hinterbein zu heben. Das heißt, er versucht es zumindest. Zunächst sind diese Bemühungen nämlich nicht von Erfolg gekrönt, denn es fällt ihm schwer, das Gleichgewicht zu halten. Das hat nicht selten so manche lustige Szene zur Folge!

Jetzt wird die Blase nicht mehr auf einmal entleert, sondern in kleinen Portionen an Stellen, an denen Ihr Vierbeiner eine Nachricht hinterlassen möchte. Es wird Ihnen auch auffallen, dass Ihr Rüde sich zunehmend für die Hinterlassenschaften seiner Artgenossen interessiert und jetzt gern am Schnüffeln ist. Das ist in Ordnung, wenn er frei läuft, nicht jedoch, wenn er unter einem Kommando steht.

Läuft er also beispielsweise bei Fuß, wird weder markiert noch geschnüffelt. Sie können auch einführen, dass an der Leine grundsätzlich nicht markiert wird. Besonders wenn Sie in der Stadt oder einem anderen dicht besiedelten Gebiet wohnen, ist es lästig und macht nicht unbedingt Freunde, wenn der Rüde an jeder Haus- oder Zaunecke das Bein hebt. Auch im Verhalten zu Artgenossen tut sich etwas. Nun misst man sich schon einmal gern mit Geschlechtsgenossen und probiert Imponierverhalten.

Nach wie vor wird ausgiebig mit anderen Hunden gespielt, aber eben auch hin und wieder ausgetestet, wie weit man bei seinen Artgenossen schon gehen kann. Für andere Rüden ist Ihr Kleiner nun kein Welpe mehr, sondern manchmal schon ein Konkurrent. Sie werden bemerken, dass bei Ihrem Jungrüden das Interesse am anderen Geschlecht erwacht und er sich gegenüber Hündinnen anders verhält als gegenüber Geschlechtsgenossen. Wann welches Verhalten auftritt und wie stark es ausgeprägt ist, ist individuell verschieden. Das hängt von den Hormonen und zum Teil auch von der Rasse ab.

Wie Sie bei Rüdenbegegnungen richtig reagieren, erfahren Sie auf Seite 143. Übrigens – sobald Ihr Rüde beginnt, das Bein zu heben, ist er fortpflanzungsfähig. Auch wenn er Ihnen noch recht jung erscheint. Denken Sie daran, wenn Sie auf eine läufige Hündin treffen!

Viele Junghunde zeigen in der Pubertät eine Phase der Unsicherheit. Mit dem richtigen Verhalten helfen Sie ihm darüber hinweg.

Die Hündin wird geschlechtsreif

Die Geschlechtsreife der Hündin tritt mit ihrer ersten Läufigkeit ein. Entsprechend interessant für die »Männerwelt« riecht sie oft schon ein paar Wochen vorher. Das merken Sie am gesteigerten Interesse der Rüden. Hier müssen Sie Ihrer jungen Hündin manchmal zur Seite stehen und ihr lästige Hundemänner vom Leib halten. Denn Hündinnen wehren sich meist erst selbst, wenn sie etwas älter sind.

Wird es »ernst«, setzt die Hündin ihren Urin in kleinen Portionen ab, damit möglichst viele Rüden über ihren Zustand Bescheid wissen. Gedeckt werden kann sie nur wenige Tage – etwa in der Mitte der rund drei Wochen, die eine

Läufigkeit dauert. Bei der ersten Läufigkeit lässt sich das jedoch nicht genau sagen, weil die Hormone sich erst einspielen müssen. Manche Hündinnen sind in dieser Zeit etwas »neben der Spur«. Sie sind unkonzentriert und besonders anhänglich. Manche vertragen sich dann nicht so gut mit anderen Hündinnen. Üben Sie in dieser Zeit wenig und am besten nichts Neues.

Lassen Sie die Hündin während der Läufigkeit nicht unbeaufsichtigt, auch nicht im Garten! Für liebestolle Rüden ist ein Gartenzaun nämlich überhaupt kein Hindernis. Denn auch die Hündin kann jetzt bereits, obwohl sie noch recht jung ist, trächtig werden.

3 Die Pubertät

Mit Beginn der Junghundezeit kommt auch der Hund in die Pubertät. Neben der Entwicklung der Geschlechtsreife gibt es jetzt Umbauarbeiten im Gehirn, die Sturm-und-Drang-Zeit beginnt. Der Junghund scheint bisweilen seine gesamte Erziehung vergessen zu haben und benimmt sich flegelhaft. Jetzt zeigt sich, wie die Erziehung im Welpenalter verlief. Wer die Bindung systematisch aufgebaut hat und schon den Welpen klar und souverän »geführt« hat, der wird die Pubertät mit relativ wenig Aufwand überstehen. Denn der Hund kennt Sie bereits als fähigen und vertrauensvollen Chef. Hat der Welpe jedoch erlebt, dass man seine eigenen Vorstellungen verwirklichen kann, indem man Signale und Botschaften seines Zweibeiners nicht ernst nimmt, wird er sich diese Freiräume nun weiter ausbauen.

Wie die Pubertät verläuft, hängt aber auch davon ab, welcher Typ Ihr Hund ist. Ein leichtführiger Hund, der sich gern an seinem Zweibeiner orientiert, wird während der Pubertät weniger den Aufstand proben als ein sehr selbstbewusster, unabhängiger oder gar dickköpfiger Vierbeiner.

Richtig reagieren

Jetzt sind Strategie und Taktik besonders gefragt. Vermeiden Sie auf jeden Fall, dass der Hund unerwünschte Erfolge einfährt, indem er Ihre Anweisungen ignoriert. Startet er beispielsweise zu einem Artgenossen durch, obwohl Sie ihn gerade noch rufen wollten, dann lassen Sie ihn besser rennen, anstatt ihm noch hinterherzurufen, ohne dass er darauf hört. Sehen Sie also über manches großzügiger hinweg. Verlangen Sie von Ihrem Hund nur dann etwas, wenn Sie Ihre Anweisungen gegebenenfalls auch einfordern können. Das bedeutet, dass Sie sich durchsetzen müssen, falls der Hund nicht hört. Nur so bleiben Sie glaubwürdig. Möchten Sie ihn etwa ableinen, dann halten Sie ihn nach dem Ableinen im Sitzen am Halsband fest, um einen Fehlstart zu vermeiden. Auch wenn das bisher eventuell schon ohne Festhalten ging. Lassen Sie ihn konsequent nicht loslaufen, bevor er Sie nicht ansieht. Oder wenn das Hinterteil beim Warten vor dem Futternapf schon in der Schwebe ist, dann bestehen Sie auf einem ruhigen Sitzen. Ruhe und Beständigkeit sind jetzt besonders gefragt. Auch die Einhaltung häuslicher Regeln bedarf in manchen Fällen einer Auffrischung. Also dranbleiben – auch diese Zeit erfordert aktive Mitarbeit von Ihnen und erledigt sich nicht von selbst.

Übungen festigen

Festigen Sie die Basics der Erziehung gut. Bauen Sie die Übungen auch weiter aus. Aber passen Sie das Training dem momentanen Zustand Ihres Vierbeiners an. An manchen Tagen geht es besser, an manchen ist er vielleicht völlig unkonzentriert. Dann festigen Sie die Übungen auf dem niedrigeren Niveau. Aber denken Sie daran: Sie beenden das Training, nicht Ihr Hund. Die zunehmend längeren Spaziergänge nutzen Sie zum Üben und zur gezielten Auslastung

des Hundes. Nur reines Spazierengehen ist für die meisten Junghunde zu langweilig. Schnell suchen sie sich dann selbst Beschäftigungen und werden zu eigenständig.

4 Unsicherheiten

Während der Junghundezeit zeigen viele Vierbeiner eine zweite Phase der Unsicherheit. Der Wahrnehmungsradius ist jetzt größer als beim Welpen, sodass der Hund nun unter Umständen auch auf weiter entfernte Reize reagiert. Auch jetzt macht sich entsprechende Vorarbeit in der Welpenzeit bezahlt. Denn hat der Hund Vertrauen in seine Umwelt und zu Menschen, werden ihm nun weniger Dinge Angst machen als einem nicht oder schlecht sozialisierten Vierbeiner. Doch auch die Veranlagung spielt hier wieder eine Rolle. Der unerschütterliche Vierbeiner wird weniger Unsicherheiten zeigen als das vorsichtige Sensibelchen. Bleiben Sie stets entspannt, und zeigen Sie Ihrem Hund dadurch, dass Sie alles im Griff haben. Je nach Situation führen Sie ihn an den Reiz heran, lenken ihn ab oder gehen gezielt weiter (→ Seite 73). Bemitleiden Sie den Hund nicht, denn damit würden Sie ihn in seiner Angst bestärken. Gerade unsichere Hunde brauchen auch jetzt einen souveränen »Rudelführer«.

5 Rassespezifische Eigenschaften

Wenn Ihr Hund einer bestimmten Rasse mit besonderen Eigenschaften angehört, werden sich diese nach und nach deutlicher entwickeln. Vorstehhunde interessieren sich etwa zunehmend intensiver für Wildspuren und Ähnliches, Hovawart und ähnliche Rassen zeigen allmählich Wachinstinkt, und so mancher Hütehund hat die Tendenz, Radfahrer oder Autos zu verfolgen.

Aber solche Eigenschaften treten durchaus auch rasseunabhängig auf, besonders der Jagdinstinkt sei hier erwähnt. Auch wenn beispielsweise das Verfolgen von Joggern oder das Hinterherjagen eines Kaninchens beim Junghund zunächst vielleicht noch putzig wirkt – ehe Sie sich versehen, haben Sie womöglich ein echtes Problem. Denn diese Verhaltensweisen sind selbstbelohnend, das heißt, das Tun an sich bestärkt den Hund, gleich ob er damit Erfolg hat oder nicht. So festigt sich das Verhalten mit jedem Mal, mit dem der Hund Gelegenheit dazu hat.

Es ist daher wichtig, diese Entwicklungen jetzt, in der Junghundezeit, in geordnete Bahnen zu lenken. Wie Sie das am besten machen und was dabei zu berücksichtigen ist, erfahren Sie im Lauf des folgenden Kapitels.

Übungen im fünften und sechsten Monat

Ihr Vierbeiner ist auf dem Weg zum Halbstarken. Der Zahnwechsel neigt sich dem Ende zu, die Babyzeit ist endgültig vorbei. Nun bauen wir bekannte Übungen weiter aus. Verlieren Sie die Übungen aus der Welpenzeit trotzdem nicht aus den Augen. Halten Sie alles weiter am »Köcheln«. Frischen Sie die Basics rechtzeitig auf, falls eine Übung Probleme bereitet.

Darf der Hund auf das Sofa?

Bis vor einigen Jahren war man in Sachen Hundeerziehung noch der Meinung, strenge Hausstandsregeln seien eine wichtige Voraussetzung für die Hierarchie zwischen Mensch und Hund. Durch viele Freilandbeobachtungen an Wölfen in den vergangenen Jahren hat sich diese Ansicht jedoch relativiert. Mensch und Hund bilden zwar kein Wolfsrudel, aber so manches lässt sich in gewisser Weise übertragen.

Daher kann man die »Sofa-Frage« auch nicht pauschal mit Ja oder Nein beantworten, sondern es kommt, wie so oft, auch hier wieder auf den Hund und nicht zuletzt auch auf den dazugehörigen Zweibeiner an. Sie müssen Ihren Vierbeiner und sich einschätzen können.

Doch darf der Hund nun auf das Sofa, vorausgesetzt, Sie möchten das? Muss er stets hinter Ihnen laufen? Darf er vor Ihnen zur Tür hinausgehen? Muss er Ihnen ausweichen, wenn er im Weg ist?

Beim Welpen ist es wichtig, dass er zunächst nur hinter Ihnen läuft, damit er lernt, sich an Ihnen zu orientieren. Durch den Nachfolgeinstinkt ergibt sich das sowieso fast von allein. Als Junghund dagegen muss er das nicht mehr, soll aber immer in einem begrenzten Radius und in Kontakt mit Ihnen bleiben.

Wenn Sie Ihrem Welpen Sofa und Bett als Tabuzonen erklären, ist das völlig in Ordnung. Denn man kann oft noch nicht genau einschätzen, ob der Kleine eher der unterordnungsbereite, führige Typ oder doch der selbstbewusstere, willensstarke Typ wird. Als Ersthundehalter ist es bisweilen schwierig, genau abzuschätzen, wie gut man das mit der Souveränität hinbekommen wird. Doch nun haben Sie den Hund schon einige Monate und kennen ihn gut.

Ansprüche respektieren

In der freien Natur darf auch ein rangniederer Wolf zum Beispiel durchaus auf dem privilegierten Aussichtsplatz liegen, wenn dieser den »Chef« gerade nicht interessiert. Beansprucht der aber den Platz für sich, muss er geräumt werden. Wichtig bei der »Sofa-Frage« und anderen Privilegien ist also, dass der Vierbeiner Ihre Ansprüche stets respektiert und auf Ihre Aufforderung hin, ohne zu maulen, das Feld räumt. Sie könnten ihm beispielsweise mit seiner Decke zeigen, wann er auf das Sofa darf und wann nicht. Nur wenn sie auf dem Sofa liegt, darf der Vierbeiner es sich darauf gemütlich machen. Ob Ihr Hund nun vor oder nach Ihnen durch die Tür geht, hängt ebenfalls von seinem Wesen ab.

Muss er stets der Erste sein, und quetscht er sich immer voller Kraft an Ihnen vorbei, um sofort den alleinigen Überblick zu haben, sollten Sie das umgehend ändern. Aber dann hapert es sehr wahrscheinlich insgesamt noch an dem richtigen Miteinander, und das Verhalten Ihres Vierbeiners ist ein deutliches Symptom dafür.

Gehen dagegen einmal Sie, einmal der Hund als Erster durch die Tür, ist der Vierbeiner nur ein paar Schritte voraus und wartet sofort, ist das durchaus akzeptabel. Vor allem dann, wenn Sie bei Bedarf jederzeit »anordnen« können, dass Sie diesmal vorgehen.

Gibt es keinerlei Unklarheiten zwischen Ihnen und Ihrem Vierbeiner, können Sie ihm durchaus das eine oder andere Privileg zugestehen und zum Beispiel gemeinsam mit ihm auf dem Sofa kuscheln.

Es kommt bei diesen Dingen also wieder auf Ihre »Führungsqualitäten« an (→ Den Hund reglementieren, Seite 106). Stellen Sie sich einfach vor, Sie haben den Hund an einer imaginären Leine, die Sie nach Bedarf einmal länger lassen und dann wieder kürzer nehmen. Aber Sie müssen die Leine in der Hand behalten!

Wann es strenger sein muss

Bestimmt bei Ihnen in erster Linie der Vierbeiner, wer sich wann zu ihm auf das Sofa setzen darf, oder verteidigt er es knurrend? Da helfen nur klare Regeln! Suchen Sie sich in diesem Fall auch Rat bei einem kompetenten Hundetrainer, der sich Ihre Situation vor Ort anschaut. Strengere Regeln sind auch dann sinnvoll, wenn Sie sich prinzipiell schwertun, souverän vor Ihrem Vierbeiner aufzutreten. Bemerken Sie, dass sich Ihr Hund bei zu »lockeren Zügeln« weniger gut lenken lässt? Auch dann spricht nichts dagegen, die Zügel etwas zu straffen.

Stundenplan

Themen rund um den fünften und sechsten Monat

Darf der Hund auf das Sofa?

Übungen	Wie oft?
»Bei Fuß« ohne Leckerchen im Gelände	mehrmals pro Woche
Zu zweit üben	mehrmals pro Woche
»Bleib« mit Bewegung	1-mal täglich
Sichtzeichen	bei jedem verbalen Hörzeichen
Gehorsam aus dem Spiel	jedes Mal, wenn Sie mit dem Hund spielen
Vorsitzen	bei jedem »Hier«
Forderungen nicht nachgeben	in den Alltag integrieren
Wenn der Hund Stress hat	im gesamten Umgang beachten

Die Sache mit der Dominanz

Schon Welpenbesitzer hören oft von anderen: »Der Kleine ist aber dominant.« Bei einem Junghund im Flegelalter stellen viele das noch häufiger fest. Natürlich gibt es unterschiedliche Hundepersönlichkeiten. Doch die Diagnose »dominant« wird zu oft fälschlicherweise gestellt, wenn der Hund seinen Zweibeiner ignoriert oder sich erfolgreich Freiräume schafft. Meist liegt die Ursache vor allem darin, dass der Mensch den Hund nicht leitet, sondern sich passiv verhält und überwiegend nur reagiert, anstatt zu agieren. Auch wer ständig bemüht ist, seinem Hund alles recht zu machen, tut der Mensch-Hund-Beziehung nichts Gutes. Und plötzlich ist der überforderte Hund »dominant«. Was aber soll ein Hund ohne Führung anderes tun, als sein eigenes Ding zu machen? Wenn dem Vierbeiner keiner sagt, wo's langgeht, sucht er sich selbst seinen Weg. Deshalb ist er aber noch nicht dominant. Dominanz wird außerdem nur dort möglich, wo sich jemand dominieren lässt – denken Sie daran. Schon kleine Änderungen im eigenen Verhalten haben rasch positive Entwicklungen zur Folge.

»Bei Fuß« ohne Leckerchen im Gelände

Sie haben schon kleinere Strecken ohne Leckerchen geübt und sind auch schon mit dem Vierbeiner bei Fuß über kleine Hindernisse unterwegs gewesen. Die »häppchenfreien« Strecken dehnen Sie nun aus und bauen auch hier unwegsamere Abschnitte ein.

So klappt es: Ihr Junghund sollte so weit sein, dass er aufmerksam bei Fuß bleibt, wenn Sie die Hand in der Tasche haben und er auch beim Losgehen kein Leckerchen mehr sieht. Ohne Ablenkung kann Ihr Hund sich sicher schon auf längere Strecken konzentrieren als mit Ablenkung. Wählen Sie den Zeitpunkt für die Belohnung entsprechend, damit Ihr Vierbeiner stets für anhaltende Aufmerksamkeit belohnt wird. Ideal ist es, wenn er Blickkontakt zu Ihnen hält. In unwegsamem Gelände wird das nicht immer möglich sein, weil der Vierbeiner auch darauf achten muss, wohin er tritt. Aber er sollte konzentriert und exakt an Ihrer Seite laufen und nicht etwa die Nase am Boden haben oder mit den Gedanken woanders sein.

Wenn das Fuß-Laufen mit »verstecktem« Leckerchen in der Ebene klappt, bauen Sie zunächst das Hindernis aus der Übung auf Seite 56 ein. Achten Sie wieder darauf, dass der Hund konzentriert ist, bevor Sie Kurs auf das Hindernis nehmen. Ist er es nicht, dann halten Sie an, lassen ihn sitzen und starten neu, wenn er wieder »klar« ist und mit Ihnen zusammenarbeiten möchte. Wenn diese Übung kein Problem ist, suchen Sie sich draußen entsprechendes Gelände. Gehen Sie mit dem Vierbeiner bei Fuß beispielsweise über einen Reisighaufen oder ein Böschung hinauf und hinunter. Das bringt Abwechslung und fordert das Hundehirn.

Bitte beachten: Gehen Sie mit der Hand in der Tasche genauso sicher los wie mit dem Leckerchen in der Hand,

Nutzen Sie verschiedenste Möglichkeiten für abwechslungsreiche und anspruchsvolle Bei-Fuß-Übungen.

dann wird Ihr Jungspund wie gewohnt mitlaufen. Sie wissen ja, die Körpersprache wirkt Wunder ... Wenn Sie Ihren Hund hier für seine Aufmerksamkeit belohnen, dann können Sie Ihr konditioniertes Belohnungswort sagen, noch während er aufmerksam ist und bevor Sie das Leckerchen aus der Tasche ziehen (→ Seite 97).

Zu zweit üben

Möchten Sie zunehmend Ablenkungen einbauen und alltagsnah trainieren, ist es nicht immer einfach, entsprechende Situationen zu finden. Oft ist es sogar besser, mit »künstlicher« Ablenkung zu arbeiten, bis die Übung sitzt. So können Sie unvorhergesehene Störungen vermeiden und sich intensiv auf den Hund konzentrieren. Hier finden Sie zwei Beispiele, die sich dafür eignen.

Spielen mit »hündischer« Ablenkung

Sicherlich kennen Sie inzwischen den einen oder anderen Hundebesitzer, mit dessen Hund sich Ihr Vierbeiner gut versteht. Sie könnten unterwegs folgende Übung einbauen:
Bitten Sie den Hundehalter, mit seinem angeleinten Hund ein Stück entfernt stehen zu bleiben. Nun ziehen Sie das Lieblingsspielzeug Ihres Hundes aus der Tasche und fordern ihn zum Spiel auf. Spielt er begeistert mit? Sehr gut! Machen Sie eine kurze Pause und lassen Sie den anderen Vierbeiner samt Herrchen/Frauchen ein Stück näher kommen.
Nun fordern Sie Ihren Vierbeiner wiederum zum Spiel auf. Klappt auch das, kann der andere Hundehalter samt Hund ein wenig hin und her gehen.
Passen Sie die Übung Ihrem Hund an und hören Sie rechtzeitig auf zu üben. Spielen Sie auf keinen Fall so lange, bis Ihr Hund keine Lust mehr hat und dann womöglich doch nur noch den Artgenossen im Auge hat.

Sehr gut, wenn Ihr Hund auch dann begeistert mit Ihnen spielt, wenn ein Artgenosse in der Nähe ist!

Brav passt der Vierbeiner sich der Situation an und sitzt neben seinem Menschen, während der sich kurz unterhält.

115

Entspannte Begegnungen

Wenn Sie unterwegs sind, kann es gut sein, dass Sie jemanden treffen, mit dem Sie sich ein wenig unterhalten möchten. Sicher wollen Sie dabei nicht dauernd darauf achten, was Ihr Vierbeiner so treibt, ob er etwa gerade einem Jogger vor die Beine läuft, eine Katze jagt oder sich in Gülle wälzt. Deshalb ist es praktisch, wenn der Vierbeiner währenddessen entspannt an Ihrer Seite sitzt oder liegt. Auch das üben Sie am besten zunächst mit einem (hundelosen) Helfer, um nicht durch ein »echtes« Gespräch zu sehr abgelenkt zu sein. Gehen Sie mit dem Hund bei Fuß oder an lockerer Leine dem Helfer entgegen. Bleiben Sie mit etwas Abstand zueinander stehen. So ist die Übung auch für den Hund erst einmal einfacher, denn er sollte die Person ignorieren. Nicht jeder, den man trifft, ist unbedingt ein Hundefan. Bleibt Ihr Hund ruhig sitzen oder liegen, verringert Ihr Helfer den Abstand nach und nach.

Besonders anspruchsvoll wird die Übung, wenn die zweite Person ebenfalls einen Hund dabeihat. Dieser Vierbeiner sollte aber ein ruhiger Artgenosse sein, der die Übung schon beherrscht und Ihren Vierbeiner ignoriert. Dann fällt es auch Ihrem Hund leichter, ruhig an Ihrer Seite zu bleiben.

Die Übung beenden

Sind Sie und die zweite Person sich eine Zeit lang gegenübergestanden, beenden Sie die Übung, indem Sie mit Ihrem Hund weggehen. Haben Sie im »Platz« geübt, lassen Sie den Hund zunächst sitzen. Angenommen, Ihr Hund sitzt an Ihrer linken Seite. Sie haben nun zwei Möglichkeiten, sich zu entfernen – entweder nach rechts oder nach links. Sie können an Ihrem Gegenüber vorbeigehen oder umdrehen. Wählen Sie die Variante, die die geringste Fehlermöglichkeit für den Hund bietet.

In unserem Beispiel bedeutet das, Sie drehen mit dem Hund nach links um. Dadurch befinden Sie sich zwischen Ihrem Hund und dem Helfer. Ihr Vierbeiner hat also keine Gelegenheit, die Person doch noch zu begrüßen. Versucht er dennoch, zu ihr zu gelangen, drängen Sie ihn einfach ab, ohne ein »Nein« oder Ähnliches – Sie wissen schon, nonverbale Kommunikation …

Der Hund bleibt sitzen, und Sie gehen nicht zu schnell vor ihm hin und her. Die Leine wird auf dem Boden ausgelegt.

Würden Sie sich dagegen nach rechts umdrehen, wäre die Seite zum Helfer hin offen. Der Hund könnte die Person also noch anspringen, und Sie könnten es kaum verhindern. Der Sinn der Übung wäre fast dahin. Genauso wäre es, wenn Sie rechts vorbeigehen würden. Auch hier könnte der Vierbeiner ungehindert zur anderen Person.

Die Übung »Bleib« mit Bewegung

Ihr Vierbeiner bleibt entspannt sitzen, wenn Sie sich auf Leinenlänge von ihm entfernen und vor ihm stehen bleiben. Nun dehnen Sie die Entfernung weiter aus. Der Hund soll auch dann bleiben, wenn Sie sich bewegen.

So klappt es: Zunächst dehnen Sie die Entfernung aus. Die Länge der Leine reicht jetzt nicht mehr aus. Das macht nichts, denn Ihr Hund kann das »Bleib« nun schon. Gehen Sie wie gewohnt weg, und lassen Sie die Leine so fallen, dass sie gerade nach vorne am Boden liegt. Sollte der Hund wirklich Anstalten machen aufzustehen, treten Sie rasch auf die Leine und haben ihn damit sofort wieder unter Kontrolle. Nach einigen Tagen Training hat Ihr Vierbeiner keine Probleme mehr mit der größeren Entfernung von Ihnen. Jetzt kommt die Bewegung ins Spiel.

Entfernen Sie sich wie gewohnt in gerader Linie vom Hund und bleiben Sie vor ihm stehen. Sitzt er entspannt? Dann beginnen Sie nun, parallel zum Hund hin- und herzugehen. Nicht zu schnell, damit er nicht »mitgerissen« wird, aber auch nicht zögerlich oder unsicher. Das würde ihn verunsichern und zum Aufstehen verleiten. Klappt das, bleiben Sie einen Moment stehen, bevor Sie zu ihm zurückgehen.

Nach und nach dehnen Sie die Strecke, die Sie vor dem Hund hin- und hergehen, sowohl längenmäßig als auch zeitlich aus. Haben Sie dann mindestens fünf Meter Abstand erreicht und sitzt der Vierbeiner völlig entspannt und ruhig,

TIPP

Die Sache mit dem Briefträger

Postboten und ähnliche Besucher haben es mit Hunden oft schwer. Kann der Hund Briefträger & Co. nicht leiden, bedeutet das aber auch für den Vierbeiner Stress, und natürlich für den Besitzer. Gewöhnen Sie deshalb Ihren Junghund nun an Besucher dieser Art, falls er in der Welpenzeit noch keine Gelegenheit hatte. Ein eventueller Wachinstinkt ist jetzt noch nicht sehr ausgeprägt, das erleichtert die Sache. Lassen Sie den Hund Kontakt aufnehmen und ihn vom Postboten streicheln, sofern beide offen dafür sind. Auch ab und zu ein Leckerchen darf der Hund vom Postboten bekommen, wenn der Vierbeiner sich freundlich verhält und Sie nichts dagegen haben.

gehen Sie in dieser Entfernung im Halbkreis. Der Hund sollte sich dabei nicht mitdrehen. Tut er das, liegt noch eine gewisse Unsicherheit in der Übung.

Bitte beachten: Gehen Sie beim »Bleib« nie rückwärts vom Hund weg, womöglich unter wiederholtem, hektischem »Bleib, bleib«. So vermitteln Sie Ihrem Vierbeiner Unsicherheit – vielleicht bleibt er dadurch sogar wirklich nicht sitzen. Lassen Sie sich Zeit beim Weggehen. Wenn Sie das Bleiben üben und dazu den Hund an Ihre Seite holen und sitzen lassen, warten Sie zunächst ein, zwei Momente. Er soll ruhig an Ihrer Seite sitzen, weder am Boden schnüffeln noch sich kratzen usw. Erst dann entfernen Sie sich von ihm.

Übung **1 + 2** Oben: »Sitz« – unten: »Platz«.

Übung **3 + 4** Oben: »Fuß« – unten: »Bleib«.

Sichtzeichen

Wäre es nicht praktisch, dem Vierbeiner nebenbei einmal rasch per Handzeichen ein »Platz« zu signalisieren, während man sich unterhält? Das ist kein Problem! Sichtzeichen kommen dem Hund entgegen, da er uns, wie Sie ja wissen, gern besonders genau beobachtet.

So klappt es: Etwas Vorarbeit dazu haben Sie schon bei den ersten Übungen mit dem Hundekind geleistet, indem Sie beim »Sitz« und »Platz« das Leckerchen entsprechend geführt haben (→ Seite 28 und 42). Hier nun die Sichtzeichen für Ihren Vierbeiner und ihre Bedeutung:

▸ »Sitz«: Erhobene Hand oder Zeigefinger.
▸ »Platz«: Abwärts führende Bewegung mit der flachen Hand.
▸ »Bleib«: Beim Weggehen wird die flache Hand wie ein Stoppschild einen Moment vor das Hundegesicht gehalten.

▸ »Fuß«: Beim Losgehen oder um den Hund an die Seite zu holen, klopfen Sie sich mit der flachen Hand seitlich an den entsprechenden Oberschenkel.
▸ »Hier«: Sie klopfen sich mit den Händen auf den Bauch oder breiten alternativ die Arme schräg nach unten aus.

Zeigen Sie das Sichtzeichen jeweils kurz, bevor Sie das verbale Signal geben. Sie werden nach und nach beobachten, dass der Hund schon vor dem verbalen Signal beginnt, die Übung auszuführen. Lassen Sie jetzt das Wort weg, und schauen Sie, ob der Hund allein auf das Sichtzeichen reagiert. Das Sichtzeichen für »Hier« kann allein aber nur funktionieren, wenn Sie den Hund aus dem Sitzen zu sich holen, nicht wenn er vorausläuft.

Wichtig: Beim Welpen gingen Sie beim »Platz« in die Hocke. Das Sichtzeichen war somit weit unten. Stehen Sie jetzt aufrecht neben dem Hund, machen Sie das Sichtzeichen zunächst deutlich von oben nach unten. Mit der Zeit wird es »flacher«.

Gehorsam aus dem Spiel

In der Welpenzeit haben Sie nach und nach Ablenkung ins Training eingebaut und die Übungen gefestigt. Jetzt üben Sie, den Hund auch dann unter Kontrolle zu haben, wenn er sich in einer hohen Reizlage befindet.

So klappt es: Als Erstes trainieren Sie das mit einer Übung, die Ihrem Vierbeiner sehr leicht fällt, wie beispielsweise das »Sitz«. Lassen Sie ihn zur Einstimmung zunächst ein-, zweimal ganz normal sitzen. Nun ziehen Sie das Lieblingsspielzeug heraus und fordern Ihren Hund zu einem Spiel auf. Ziehen Sie das Spielzeug über den Boden, und er darf es »jagen«. Noch bevor er es erwischt, bleiben Sie abrupt aufrecht stehen und sagen in verbindlichem Tonfall »Sitz«. Sitzt Ihr Hund, ohne nach dem Spielzeug zu springen? Gratulation! Zur Belohnung beginnt das

Spiel nach einigen Momenten von Neuem. Ihr Spielsignal beendet hier das Sitzen. Wiederholen Sie diesen Ablauf zwei-, dreimal. Schließlich darf der Hund das Spielzeug erwischen.
Variante: Schwieriger wird die Übung aus einem Ziehspiel heraus. Achten Sie auch in diesem Fall darauf, dass Sie abrupt die eigene Bewegung beenden und aufrecht stehen. Ihr Vierbeiner sollte auf Ihr Signal »Sitz« nicht nur sitzen, sondern auch das Spielzeug automatisch auslassen.
Wichtig: Je intensiver das Spiel, desto anspruchsvoller ist die Übung. Aber Sie können auf einem niedrigeren Level beginnen, indem Sie die Beute weniger reizvoll über den Boden bewegen oder das Ziehspiel moderat gestalten. Allmählich steigern Sie die Übung. Richten Sie sich am besten danach, wie Sie Ihren Junghund einschätzen und wie schnell Sie selbst in der Lage sind zu reagieren.

Übung 1 Spielen Sie mit dem Hund.

Übung 2 Auf Ihr Signal sitzt er.

Vorsitzen

Oft wird ein Hund gerufen, um ihn von etwas wegzuholen. Wenn er bei Ihnen ist, möchten Sie sicher, dass er seine Aufmerksamkeit auf Sie richtet. Ihr Vierbeiner hat schon gelernt, sich nach dem Kommen zu setzen. Vor dem Sitzen gab es eine Belohnung. Jetzt erhält er die Belohnung erst, wenn er sitzt.

So klappt es: Trainieren Sie zunächst ohne Ablenkung und aus dem »Bleib« im Sitzen (→ Seite 61). Sie stehen etwa drei Meter vor dem Hund und haben unauffällig einen Happen in der Hand. Warten Sie einige Momente. Nun rufen Sie den Vierbeiner wie gewohnt. Klopfen Sie sich dabei mit beiden Händen auf den Bauch. Hunde reagieren auf Bewegung. Deshalb wird Ihr Vierbeiner davon »angezogen« und kommt dann mittig zu Ihnen und läuft nicht etwa vorbei. Gleichzeitig bewegen Sie sich rückwärts vom Hund weg. Ist er bei Ihnen angekommen, bleiben Sie stehen, die Hände bleiben auf dem Bauch. Sagen Sie »Sitz«, aber es kann gut sein, dass Ihr Hund sich schon von selbst setzt. Nun bekommt er seinen Happen und wird mit der Stimme gelobt. Mit Streicheleinheiten sollten Sie sparsam sein, denn oftmals springt der Hund dadurch auf. Leinen Sie ihn im Sitzen an. Die Übung ist aber noch nicht zu Ende. Mit dem Hörzeichen »Fuß« nehmen Sie ihn jetzt wieder an Ihre Seite (→ Seite 50). Sobald die Übung klappt, führen Sie das bei jedem »Hier« so ein, also auch unterwegs.

Wichtig: Rufen Sie den Hund nicht zu häufig aus dem Sitzen, sonst leidet das entspannte Bleiben darunter. Rufen Sie ihn nicht, wenn er angespannt sitzt. Gehen Sie dann, wie beim Bleiben gewohnt, zu ihm zurück. Sie können das auch zu zweit üben: Einer hält den Hund ohne »Bleib« fest, Sie rufen ihn.

Übung | 1 | Nach dem Sitzen wird belohnt.

Übung | 2 | Dann kommt der Hund an die Seite.

Übung **1** Jetzt wird nicht gespielt.

Übung **2** Auch schmeicheln nützt nichts.

Übung **3** Jetzt erst darf er hinaus.

Forderungen nicht nachgeben

Ihr Vierbeiner testet in der Junghundezeit, je nach Typ, vermehrt aus, inwieweit er Sie zu etwas »überreden« kann. Lassen Sie sich nicht manipulieren. Hier einige Beispiele:

So klappt es: Rempelt Ihr Vierbeiner Sie oft mit dem Kopf an, um gestreichelt zu werden? Zuwendung und Streicheleinheiten sind sehr wichtig, aber nicht gerade dann, wenn der Hund sie einfordert. Initiieren Sie die »Schmuseeinheiten«, wenn Sie Lust dazu haben. Versucht sich Ihr Hund wieder einzuschmeicheln, schicken Sie ihn ab und an weg oder ignorieren Sie ihn.

▶ Legt er Ihnen regelmäßig mit aufforderndem Verhalten Spielzeug vor die Füße oder erinnert Sie mit Jammern und Hypnoseblick an die Ausgehzeit, während Sie vielleicht gerade beim Essen sitzen? Beachten Sie ihn nicht. Erst wenn er sein Verhalten beendet und sich hinlegt, spielen Sie mit ihm oder gehen mit ihm nach draußen.

▶ Steht der Jungspund bellend an der Terrassentür, weil er draußen einen Vogel sieht, um eine Minute später schon wieder vor der Tür zu stehen, weil er hereinmöchte? Kommen Sie seinen Forderungen nicht immer nach. Falls Sie ihn aber hinauslassen wollen, sollte er zuerst ruhig sitzen und an der offenen Tür warten, bis Ihr Auflösungshörzeichen kommt.

▶ Stört er Sie, sobald Sie telefonieren? Es wäre falsch, dann das Gespräch zu beenden. Tun Sie vielmehr häufiger so, als würden Sie mit jemandem telefonieren, und beachten Sie Ihre Nervensäge nicht. Beenden Sie das Gespräch erst, wenn der Hund Sie weder anspringt noch ankläfft.

Wichtig: Passen Sie Ihre Reaktionen dem Charakter Ihres Hundes an. Lesen Sie dazu auch Seite 112 bis 114.

Wenn der Hund Stress hat

Ihr Hundeteenie ist mitten in der Entwicklung und, wie Sie schon wissen, auch in einer Phase, in der er manchmal verunsichert ist. Kommt ein Hund mit einer Situation nicht so gut zurecht, zeigt er das durch bestimmte Signale. Kratzt sich der Vierbeiner, gähnt er, hechelt er oder leckt er sich die Schnauze, kann das eine entsprechende Botschaft sein. Hier finden Sie einige Beispiele und Tipps, wie Sie damit umgehen.

So klappt es: Reagieren Sie auf Stresssignale wie folgt:

▶ Die Kinder schmusen ausgiebig mit Ihrem Vierbeiner. Er gähnt oder dreht mit angelegten Ohren den Kopf zur Seite und leckt sich dabei die Schnauze. Damit sagt er: »Das wird mir jetzt zu viel. Was soll ich tun?« Spätestens jetzt sollten Sie die Kinder beiseitenehmen und diese den Hund in Ruhe lassen!

▶ Sie üben mit Ihrem Hund, zum Beispiel das »Platz« in Sichtweite spielender Artgenossen. Ihr Vierbeiner gähnt, legt sich dann aber hin. Das zeigt, er ist im Konflikt, und das Gähnen ist wieder eine Übersprunghandlung, weil er sich entscheiden muss. Er denkt: »Wie doof, die Pflicht ruft, aber eigentlich möchte ich lieber zu den Spielgefährten.«

Stellen Sie sich vor, Sie stehen vor einem Korb Bügelwäsche, und eben kommt eine Einladung zum spontanen Kaffeekränzchen bei der Nachbarin. Unsereins würde sich jetzt am Kopf kratzen, weil man hin- und hergerissen ist. Einerseits muss die Wäsche gebügelt werden, andererseits lockt der Kaffeeklatsch. Verhält sich der Hund nur ab und zu vor, müssen Sie nichts an Ihrem Training ändern. Denn befolgt er Ihr Kommando, hat er sich letztlich richtig entschieden und somit etwas gelernt. Beenden Sie eine Übung aber gegebenenfalls rechtzeitig, wenn der Hund Übersprunghandlungen zeigt, bevor der Vierbeiner sie unter Umständen selbst aufhebt. Das kann zum Beispiel leicht beim »Bleib« passieren, wenn man zu rasch vor-

Übung 1 Der Hund ist im Konflikt, er gähnt.

geht (→ Seite 68). Zeigt der Hund im Training häufig Übersprunghandlungen, ist er noch mit der Ablenkung oder dem Schwierigkeitsgrad der Übung überfordert. Vereinfachen Sie zunächst die Übung wieder und bauen Sie sie langsam auf.

▶ Sie sind mit Ihrem Vierbeiner beispielsweise in der Stadt unterwegs, und es herrscht viel Trubel und Lärm. Der Hund kratzt sich immer wieder, was so viel heißt wie: »Mir ist hier zu viel los, das stresst mich.« Läuft er gedrückt mit hängender Rute, angelegten Ohren und deutlich hechelnd neben Ihnen her, ist er entsprechend verunsichert und ängstlich.

Bringen Sie den Hund in einen ruhigeren Bereich und gewöhnen Sie ihn, wie beim Welpen, allmählich wieder an mehr Trubel. Vielleicht war aber auch nur dieser Tag insgesamt etwas zu turbulent, und der Hund zeigt sich nur ausnahmsweise ein wenig gestresst. Dann brauchen Sie nichts weiter zu tun. Einen gewissen Stress muss jeder Vierbeiner aushalten können. Ist

Übung | 2 | Kratzen kann ein Stresssignal sein.

Übung | 3 | Beschwichtigend leckt der Welpe die Schnauze.

Ihr Hund aber von Natur aus unsicher und ängstlich, sollten Sie ihm Situationen, in denen er sich trotz langsamen Heranführens nicht entspannt, in Zukunft ersparen.

▶ Stress kann der Hund auch dann haben, wenn Sie selbst besonders angespannt und gestresst sind. Ihre Stimmung überträgt sich nämlich auf ihn.

▶ Ein insgesamt zu harter Umgang mit dem vierbeinigen Familienmitglied kann dazu führen, dass der Hund sich seinem Menschen gegenüber stets verunsichert und beeindruckt zeigt. Eine geduckte Körperhaltung mit Schnauzenlecken, Blickvermeidung, angelegten Ohren und tiefer Rute sind deutliche Signale dafür. Verändern Sie in diesem Fall unbedingt die Kommunikation mit Ihrem Vierbeiner.

▶ Auch Schütteln ist manchmal eine Übersprunghandlung. Zum Beispiel nach einer Korrektur. Spielt ein Welpe zu grob mit einem anderen und wehrt sich dieser entsprechend, geht der »eingebremste« ein Stück weg und schüttelt sich. Auch ein Schütteln nach der Ankündigung der Mahlzeit oder des Spaziergangs ist eine Art Übersprunghandlung.

Bitte beachten: Das sind nur einige Beispiele, in denen der Hund Übersprunghandlungen oder Stresssignale zeigen kann. Diese Signale allein sagen jedoch nichts aus. Um sie richtig zu deuten, muss nämlich immer die gesamte »Hundesprache«, also auch der Körperausdruck sowie die Situation betrachtet werden. Denn wenn der Hund sich beispielsweise nach dem Aufwachen streckt und gähnt, heißt das, dass er sich rundum wohlfühlt. Kratzt er sich, juckt es ihn oft einfach nur. Auch nicht jedes Lecken der Schnauze bedeutet Stress oder ist eine Übersprunghandlung. Schauen Sie immer, was der Hund mit seiner Körpersprache sonst noch zeigt. Wendet er den Blick ab? Wie hält er den Schwanz? Wirkt er gedrückt? Erst durch den Gesamtkontext bekommen die Signale ihre Bedeutung.

123

Übungen im siebten und achten Monat

Junghunde sind voller Tatendrang und Energie. Sie könnten Bäume ausreißen, und so mancher Jungspund ist auch der Meinung, die Welt gehöre ihm. Fand den Welpen noch fast jeder putzig, sieht das jetzt schon ganz anders aus. Damit dem Vierbeiner keine Dummheiten einfallen, gilt es nun vermehrt, seine Energie in geordnete Bahnen zu lenken.

Mit dem Hund in der Öffentlichkeit

Sie konnten sicher schon beobachten, dass Ihr Vierbeiner nun schneller unterwegs ist und einen größeren Radius hat als noch der Welpe. Das heißt auch, der Junghund nimmt Reize früher wahr und ist schneller dort. Sie sollten daher vorausschauender unterwegs sein, um eventuellen unliebsamen Situationen rechtzeitig vorbeugen zu können.

Menschen begegnen

Möchte Ihr Vierbeiner jeden Mensch begrüßen? Einerseits ist sein freundliches Verhalten gegenüber Menschen durchaus positiv und absolut wünschenswert. Aber nicht jeder Zweibeiner hat zu Hunden einen Bezug oder kennt sich damit aus. Viele haben einfach Angst, besonders Kinder. Dass Ihr Vierbeiner noch jung ist und nicht gefährlich, wissen Sie, aber nicht fremde Passanten. Außerdem läuft nicht jeder in hundetauglichen Klamotten herum, auch nicht jeder Hundefreund. Die allseits bekannten Standardsprüche »Der tut nichts« oder »Der will nur spielen« sollte man sich sowieso besser verkneifen. Denn auch wenn Ihr Hund Passanten im Guten anspringt, macht es das nicht besser.

Holen Sie Ihren Hund zurück, solange der Mensch noch nicht so nahe herangekommen ist, dass der Jungspund durchstartet. Behalten Sie Ihren Vierbeiner bei sich. Sollte sich dann ergeben, dass der Passant gern Kontakt zu Ihrem Vierbeiner haben möchte und auch Sie das wollen, können Sie Ihrem Hund die Begrüßung jetzt immer noch erlauben. Sie haben ja bereits mit dem Welpen geübt, dass er sich auf Sie konzentriert, wenn jemand vorbeigeht oder -läuft, und dann eine Belohnung folgt. Behalten Sie das unbedingt bei. Dadurch beugen Sie auch gleichzeitig einer eventuellen »Jagdlust« gegenüber Joggern, Radfahrern usw. vor.

In der Natur

Auch in Wald und Feld entdeckt Ihr Vierbeiner nun so manche interessanten Gerüche und Spuren. Sie sollten Ihren Hund gut im Blick haben, denn Jagen ist selbstbelohnend und macht ihm deshalb auch dann einen Riesenspaß, wenn er nichts erwischt. Außerdem bedeutet auch erfolgloses Hetzen für die betroffenen Wildtiere eine ganze Menge unnötigen Stress. Falls Ihr Vierbeiner jagdlich sehr interessiert ist und sich leicht von Ihnen ablenken lässt oder noch keinen zuverlässigen Gehorsam zeigt, leinen Sie ihn in wildreichen Gegenden besser an. Wie Sie dem Jagen vorbeugen können, lesen Sie auf Seite 130.

Wann anleinen?

Es gibt Situationen, in denen der Vierbeiner zu seiner eigenen Sicherheit und aus Rücksicht auf andere besser an der Leine bleibt. Zum Beispiel dann, wenn Sie in der Stadt oder in einem Ort unterwegs sind, im Biergarten oder im Restaurant sitzen und wenn Sie an einer Straße entlanggehen. Halten Sie sich bitte auch an die Anleinpflicht, wenn Sie etwa in einem Naturschutzgebiet sind.

Als Hundehalter hat man es wahrlich nicht immer leicht. Aber wer sich mit seinem Vierbeiner in der Öffentlichkeit rücksichtsvoll verhält, erspart sich so manchen Stress und trägt außerdem viel dazu bei, dass sich das Image der Hundehalter wieder verbessert.

Beschäftigung macht müde

In der Natur müssen Wölfe und andere Hundeartige für sich selbst sorgen und sind dadurch einen Teil des Tages mit verschiedenen Dingen beschäftigt. Sie müssen die Umgebung wegen eventueller Gefahren im Auge behalten, sich um Nahrung kümmern usw. Unsere Haushunde müssen sich dagegen um nichts kümmern und leben wie die Made im Speck. Doch das reicht den meisten Hunden nicht, sie sind schlicht unterfordert. Langeweile macht sich breit, und die ungenutzten Energien suchen sich bisweilen Ventile, die uns Zweibeinern nicht unbedingt Freude bereiten. Dann werden beispielsweise Blumenbeete umgestaltet, Passanten am Gartenzaun vertrieben oder die Tapete angekaut. Aber Sie gehen doch mit dem Hund oft raus, denken Sie jetzt vielleicht. Nun, die Bewegung allein macht es nicht. Der Hund braucht auch Beschäftigung mit Köpfchen. Das sorgt für Auslastung, denn »Gehirnjogging« macht ebenfalls müde. Legen Sie also zu Hause und unterwegs auch weiterhin die eine oder andere Übungs- und Beschäftigungseinheit ein.

Stundenplan

Themen rund um den siebten und achten Monat

Mit dem Hund in der Öffentlichkeit
Beschäftigung macht müde
Die richtige Hundeschule
An der Leine immer bei Fuß gehen?

Übungen	Wie oft?
Übungsausflug für Fortgeschrittene	1–2-mal pro Woche
Unsicherheiten richtig meistern	bei Bedarf
Jagen erkennen und vermeiden	wenn nötig
Das Futterdummy	ca. 3-mal pro Woche
Rüpelhaftes Benehmen beeinflussen	wenn nötig
Sitzen auf Entfernung	ca. 1-mal täglich

Nicht überbeschäftigen

Wie schon beim Welpen gilt auch jetzt: Der Hund braucht unbedingt genügend Ruhephasen. Falls der Vierbeiner nicht von selbst zur Ruhe kommt, sollten Sie ihm diese als Halter verschaffen. Ein Zuviel an Beschäftigung, und dazu zählen zum Beispiel auch »Dauerbespaßung« und Tobereien mit Ihren Kindern, kann ein übermotiviertes Nervenbündel zur Folge haben. Denn auch die wilden Verwandten verschlafen einen großen Teil des Tages. Deshalb gilt in jedem Fall: Qualität vor Quantität!

125

Die richtige Hundeschule

Besuchen Sie mit Ihrem Vierbeiner eine Hundschule? Dann sollten Sie auf einige Punkte achten. Wichtig ist auch jetzt wieder, dass die Gruppe klein ist. Vier bis höchstens sechs Hunde sind genug. Die Übungen sollten sinnvoll und mit entsprechenden Erläuterungen aufeinander aufbauen. Es sollte über Souveränität, Körpersprache und variable Belohnung geübt werden, nicht aber über körperlichen Starkzwang. Fragen werden bereitwillig beantwortet. Auf jeden Fall sollten Sie und Ihr Vierbeiner sich dort rundum wohlfühlen. Spielen war ein Teil des Programms der Welpengruppe, jetzt sind wilde Tobereien nicht mehr notwendig. Gegen eine kleine Spielpause hin und wieder in der »Halbzeit« oder zum Schluss (aber nicht zu Beginn der Übungen!) ist nichts einzuwenden. Dabei ist es wichtig, darauf zu schauen, dass es wirklich Spiel ist und kein Hund gemobbt wird. In einem solchen Fall muss der Trainer eingreifen. Es wäre falsch, die Hunde das unter sich ausmachen zu lassen, etwa weil sie die Rangordnung festlegen müssten. Sie leben nicht zusammen in einem Rudel, also müssen sie auch keine Rangordnung klären. Nehmen Sie im Zweifelsfall Ihren Hund heraus, sowohl wenn er gemobbt werden als auch wenn er der Unruhestifter sein sollte.

An der Leine immer bei Fuß gehen?

Muss der Hund an der Leine grundsätzlich bei Fuß gehen? Nein, das muss er nicht. Aber er sollte immer an der lockeren Leine laufen. Wenn Sie sich bisher konsequent nirgends haben hinzerren lassen und die Übung mit dem Futternapf immer mal wieder trainiert haben (→ Seite 37), wird Ihr Vierbeiner weitgehend problemlos an lockerer Leine laufen. Er kann dabei etwas hinter Ihnen sein, ein Stück neben Ihnen oder ein wenig voraus.

Eine Voraussetzung dafür ist aber, dass Ihr Vierbeiner sich täglich im Freilauf auspowern darf. Denn wenn er ständig vor Energie sprüht, gelingt es ihm nicht, ruhig an der Leine zu gehen. Doch bis zum Erreichen des Freilaufgeländes kann er durchaus an der lockeren Leine laufen, kurze Strecken auch bei Fuß. Lesen Sie dazu auch Seite 158.

Sind es bis zum Freilaufgelände aber mehr als ein paar Hundert Meter, könnten Sie ein Stück mit dem Auto fahren, falls diese Strecke Ihrem Temperamentsbündel »zu Fuß« noch zu viel Selbstbeherrschung abverlangt.

Ob Treppe, Trubel oder auch bei »Gegenverkehr« – in solchen und ähnlichen Situationen ist das Gehen bei Fuß nützlich.

Wenn Sie Ihren Vierbeiner aus irgendwelchen Gründen nie frei laufen lassen können, dann verwenden Sie zum Beispiel eine Automatikleine aus dem Zoofachhandel, die ihm einen größeren Bewegungsradius erlaubt. Mit der Zeit lernt Ihr Hund dann schließlich genau zu unterscheiden, an welcher Leine er ziehen darf und an welcher nicht.

Wann bei Fuß gehen?

Dass Ihr Vierbeiner das Signal »Bei Fuß« befolgt, ist immer dann wichtig, wenn er – später auch unangeleint – an dieser bestimmten Position, also dicht an Ihrer Seite bleiben soll. Beispielsweise wenn Sie auf einem Weg gehen, und es kommen Ihnen Jogger oder Radfahrer entgegen, oder wenn Sie auf einem schmalen Gehweg neben einer Straße unterwegs sind. Auch in einer Menschenmenge oder beim Begehen eine Treppe ist das Bei-Fuß-Gehen ratsam, ebenso wenn Sie zum Beispiel auf einen Fußgängerüberweg zugehen und die Ampel auf Rot zeigt.

Übungsausflug für Fortgeschrittene

Ihr Vierbeiner beherrscht die Grundgehorsamsübungen, drinnen wie draußen und auch unter Ablenkung. Verlegen Sie die Übungen doch mal mitten in die Stadt, auch wenn Sie in den einen oder anderen Laden müssen.

So klappt es: Sorgen Sie wie gewohnt dafür, dass der Hund sich vorher lösen und etwas auspowern konnte. Dann wird er sich leichter konzentrieren. Packen Sie ein paar Häppchen ein, damit Sie besondere Leistungen belohnen können.

Fahren Sie mit dem Auto in die Stadt? Denken Sie daran: Die Heckklappe geht auf, der Hund sitzt und wartet. Falls er zu früh herausmöchte, geht die Heckklappe wieder zu (→ Seite 100). Ansonsten lassen Sie ihn nach ein paar Momenten aus dem Auto – und geben das Signal »Sitz«.

Dass der Hund dicht an Ihrer Seite bleibt, ist zum Beispiel auch hier besser, als wenn er etwa irgendwo vor Ihnen sitzen würde.

Ein einzelner, auffälliger Mensch auf weiter Flur: In dieser Situation können viele Junghunde unsicher oder misstrauisch reagieren.

Erst danach gehen Sie los. Folgende Situationen können Sie beispielsweise für ein paar Übungen nutzen.

▶ Gibt es vielleicht irgendwo ein paar Stufen? Gehen Sie diese mit Ihrem Vierbeiner bei Fuß hinauf und hinunter. Klappt das bereits ohne Leckerchen? Bravo!

▶ Gehen Sie nun an lockerer Leine durch die Fußgängerzone. Dann nehmen Sie den Vierbeiner zum Beispiel wieder bei Fuß und bleiben an einer Ampel stehen. Den Hund lassen Sie dabei dicht an Ihrer Seite sitzen. Am besten halten Sie etwas Abstand zur Bordsteinkante. Gehen Sie dann mit ihm bei Fuß über die Straße.

▶ Sie könnten nun ein Kaufhaus besuchen. Möchten Sie sich vielleicht einen Ständer mit Bekleidung näher anschauen? Legen Sie Ihren Hund in einem ruhigen Bereich in der Nähe des Kleiderständers mit dem Signal »Bleib« ab. Schauen Sie sich in Ruhe die Modelle an. Behalten Sie Ihren jungen Vierbeiner unauffällig im Auge, und entfernen Sie sich nicht zu weit und nicht so, dass er Sie nicht mehr sehen kann.

Wichtig: Das kennt wahrscheinlich jeder von uns: Wenn man in der Stadt unterwegs ist, lässt man sich leicht ablenken. Versuchen Sie trotzdem, sich auf Ihren Hund zu konzentrieren und auf die Feinheiten beim Üben zu achten. Also genaue Ausführung der Übungen und vor allem das Auflösen der Übungen nicht vergessen!

Unsicherheiten richtig meistern

Bemerken Sie bei Ihrem Vierbeiner eine Phase der Unsicherheit oder des Misstrauens, können Sie ihm, wie schon in der Welpenzeit, auch jetzt durch richtiges Verhalten Sicherheit vermitteln. Er wird jetzt aber auch schon auf noch weiter entfernte Reize reagieren. Hier ein paar Beispiele.

Der Fremde im Gelände

Ein einzelner Mensch, vielleicht sogar in auffälliger Kleidung, taucht plötzlich allein auf weiter Flur auf. Das ist eine klassische Situation, auf die viele Hunde reagieren. Wahrscheinlich stellen Sie fest, dass Ihr Vierbeiner völlig unbeeindruckt ist, wenn Sie in einer belebten Gegend mit vielen Menschen unterwegs sind. Das liegt daran, dass die Menschen hier zum normalen Erscheinungsbild gehören. Eine

Wie viele Junghunde reagiert auch dieser auf einen optischen Reiz verunsichert. Jetzt ist richtiges Verhalten des Menschen gefragt.

einzelne Person im weitläufigen Gelände ist dagegen für Ihren Vierbeiner auffällig und ungewöhnlich.

So klappt es: Ihr Junghund möchte misstrauisch mit aufgestellten Rückenhaaren und womöglich bellend in Richtung Mensch laufen. Beobachten Sie Ihren Vierbeiner gut. Sobald er die Person wahrgenommen hat und Anzeichen von Misstrauen zeigt, drehen Sie um 180 Grad um und gehen souverän in die andere Richtung. Folgt der Hund und orientiert sich nicht mehr in Richtung der Person, drehen Sie wieder um und gehen ebenso souverän in einem entsprechend großen Abstand an dem Fremden vorbei. Ist Ihr Hund unsicher oder ängstlich und bleibt zurück, gehen Sie ebenso sicher weiter und, falls er sich gar nicht näher traut, in einem Bogen an der Person vorbei. Beide Male zeigen Sie Ihrem Hund damit, dass die Situation nichts Bedrohliches hat und eigentlich völlig normal ist.

Bitte beachten: Alternativ rufen Sie den Hund zu sich und gehen angeleint mit ihm an der Person vorbei. Lenken Sie ihn mit einem Spielzeug oder einem Happen ab.

Unbekanntes Objekt oder Geräusch

Ihr Hund zeigt Misstrauen oder Unsicherheit einem auffälligen Objekt oder einer Geräuschquelle gegenüber.

So klappt es: Verhalten Sie sich so, wie schon beim Welpen beschrieben (→ Seite 73). Vermitteln Sie ihm auch hier durch Ihre eigene Unbekümmertheit Sicherheit und erkunden Sie die Situation zusammen.

Der Hund hat sich erschreckt

Ein plötzliches Geräusch wie zum Beispiel ein lauter Knall oder ein ungewohntes Rascheln im Gebüsch hat Ihren Vierbeiner erschreckt. Er ist deutlich beeindruckt und geht nur zögernd weiter oder bleibt sogar stehen.

! TIPP

Aufreiten

Aufreiten gehört zum normalen Verhaltensrepertoire unserer Vierbeiner. Hängt Ihr Junior jedoch an Ihrem Bein, ist das respektlos und frech. Er testet seine Grenzen aus. »Pflücken« Sie ihn ab. Stehen Sie auf und gehen Sie weg oder schubsen Sie ihn von sich. Überdenken Sie den Umgang mit Ihrem Hund. Sind Sie souverän genug? Denn Aufreiten kann in diesem Zusammenhang eine Dominanzgeste sein. Greifen Sie auch dann ein, wenn Ihr Hund dieses Verhalten anderen Menschen gegenüber zeigt, Artgenossen regelmäßig »berammeln« möchte oder er dauernd berammelt wird. Hat Ihr Hund Stress? Dann kann Aufreiten auch ein Symptom dafür sein.

So klappt es: Auch wenn Sie sich selbst vielleicht kurz erschreckt haben – zeigen Sie sich sogleich wieder »normal« und unbeeindruckt. Gehen Sie einfach weiter. Dann wird sich auch Ihr Junghund bald entspannen und locker mit Ihnen seinen Weg fortsetzen.

Wichtig: Denken Sie daran: Versuchen Sie nicht, Ihren Vierbeiner zu »trösten«. Damit verstärken Sie seine Unsicherheiten oder sein Misstrauen! Wenn Sie das Gefühl haben, mit dem Misstrauen oder der Angst Ihres Vierbeiners nicht allein zurechtzukommen, suchen Sie sich bitte rechtzeitig professionelle Hilfe bei einem erfahrenen Hundeverhaltenstherapeuten oder Hundetrainer vor Ort.

Übung 1 Jetzt heißt es rasch reagieren.

Übung 2 Ihre »Action« lenkt den Hund ab.

Jagen erkennen und vermeiden

Hunde haben einen mehr oder weniger ausgeprägten Jagdinstinkt, der sich im Junghundealter mehr und mehr entwickelt. Beim Welpen haben Sie schon darauf geachtet, ihn abzulenken, wenn er sich etwa für Vögel oder Jogger usw. interessiert (→ Seite 95). Das waren bereits wichtige Vorübungen. Behalten Sie die Thematik im Auge. Denn hat sich das Jagdverhalten durch lustvolle Erfahrungen erst einmal etabliert, ist es meist nur noch schwer in den Griff zu bekommen.

Woran erkennen Sie nun, ob Ihr Hund so viel Jagdinstinkt hat, dass dieser zum Problem werden könnte?

Beobachten Sie ihn unterwegs. Interessiert er sich auffällig für Gerüche in Wald und Feld? Ist er »auf dem Sprung« und aufgeregt, wenn er Hühner, Enten, Hasen usw. wahrnimmt?

Würde er gern Joggern, Radfahrern oder sogar Autos hinterherrennen? Dann heißt es aufpassen und rechtzeitig reagieren.

So klappt es: Eine Jagd läuft in einzelnen Sequenzen ab. Der Vierbeiner sucht zunächst am Boden nach Spuren, hält die Nase in den Wind oder »scannt« die Umgebung mit den Augen. Hat er einen entsprechenden Reiz wahrgenommen, fixiert er diesen. Er »saugt« sich am Boden fest oder verharrt in der Bewegung und steht mit erhobener Vorderpfote vor.

Als Nächstes käme nun das Hetzen. Am besten ist es, wenn der Hund gar nicht erst nach einem Reiz sucht. Beugen Sie vor, indem Sie ihn unterwegs ausreichend beschäftigen und so seine Interessen in geordnete Bahnen lenken. Ideen dazu finden Sie auf Seite 154. Ist der Vierbeiner schon am Suchen, sollten Sie sofort eingreifen. Allerhöchste Eisenbahn ist geboten, wenn er den Reiz bereits fixiert. Denn ist Ihr Hund erst mal losgespurtet, wird es schwierig, ihn noch zum Umkehren zu bewegen. Damit es nicht so weit kommt, helfen diese Strategien:

▶ Das A und O ist nun ein zuverlässiges Rückrufkommando. Schnüffelt der Hund am Boden oder hält die Nase in den Wind,

Übung **3** So lernt er, auf dem Weg zu bleiben.

Übung **4** Auch die Schleppleine kann helfen.

pfeifen oder rufen Sie ihn sofort zu sich und entfernen sich dabei rasch. Warten Sie nicht etwa erst ab, was er nun wohl macht. Dadurch vergeht bereits wertvolle Zeit!

▸ Alternativ rufen Sie Ihr Spielsignal, falls dieses für Ihren Vierbeiner das ultimative Highlight ist. Wichtig ist dabei, dass das damit verbundene Spielzeug etwas absolut Besonderes ist (→ Richtig spielen, Seite 44).

▸ Wenn er aus einer solchen Situation zu Ihnen kommt, erwartet ihn ein »Jagdspiel« als entsprechend reizvolle Alternative. Werfen Sie ihm mit spannender »Geräuschuntermalung« seinen Lieblingsball oder sein Futterdummy in die entgegengesetzte Richtung (→ Seite 132). Er darf hinterherjagen und Ball oder Dummy »erbeuten«. Aus dem Dummy gibt es sogar noch eine leckere Belohnung.

▸ Bringen Sie ihm bei, auf dem Weg zu bleiben. Befindet Ihr Vierbeiner sich am Wegrand oder schon daneben, werfen Sie, sodass er es bemerkt, ein Leckerchen auf seiner Höhe in die Mitte des Weges. Läuft er nach einigen Malen zielstrebig zum Happen, rufen Sie jedes Mal in dem Moment »Raus«, in dem er die Richtung zum Happen einschlägt. Nach etwas Training wird er auf Ihr Signal »Raus« auf den Weg kommen. Achten Sie gegebenenfalls auf einen festen, verbindlichen Tonfall. Achtung – lassen Sie Ihren jagdbegeisterten Vierbeiner nie weit vom Weg weglaufen!

▸ Setzt Ihr Vierbeiner sich zuverlässig auf Pfiff (→ Seite 137)? Dann ist auch das eine Möglichkeit, den Hund in seinem Verhalten zu unterbrechen.

Wichtig: Meiden Sie mit Ihrem jagdlich passionierten Hund wildreiche Gegenden, wenn er nicht zuverlässig gehorcht, oder lassen Sie ihn angeleint.

Kommen Sie allein nicht zurecht, holen Sie sich bitte praktische Hilfe von einem kompetenten Hundetrainer. Allerdings wird trotzdem nicht aus jedem Vierbeiner mit ausgeprägtem Jagdinstinkt der problemlose Spaziergänger.

Übung 1 Entfernen Sie sich ein Stück.

Übung 2 Nun rufen Sie Ihren Junghund.

Das Futterdummy

Die Arbeit mit dem Futterdummy (im Zoofachhandel erhältlich) weckt bei vielen Hunden den Spaß am Apportieren. Damit lässt sich Ihr Vierbeiner wunderbar beschäftigen, sowohl zu Hause als auch unterwegs. Apportierarbeit festigt durch das Miteinander die Bindung, sorgt für mentale und körperliche Auslastung und fördert den Gehorsam. Zunächst machen Sie den Hund mit dem Futterdummy vertraut. Üben Sie in der Wohnung und ohne Ablenkung.

So klappt es: Lassen Sie Ihren Vierbeiner zuschauen, wenn Sie das Futterdummy mit besonders leckeren Häppchen füllen. »Untermalen« Sie diesen Vorgang mit motivierender Stimme.

▶ Nun geben Sie ihm ein paar Häppchen daraus oder halten ihm das offene Dummy hin, und er darf sich selbst bedienen.

▶ Schließen Sie das Dummy, und machen Sie es für den Hund so interessant, dass er es letztlich ins Maul nimmt. Ziehen Sie es beispielsweise wie eine Beute zickzackförmig über den Boden. Oder werfen Sie es ein Stück weit weg. Den Hund lassen Sie dabei an der lockeren Leine, damit er nicht mit dem Futterdummy das Weite suchen kann.

▶ Nimmt er das Dummy, loben Sie ihn ausgiebig. Nehmen Sie es ihm ohne Hektik – möglichst noch bevor er es fallen lässt – mit dem Signal »Aus« ab. Und geben Sie Ihrem Vierbeiner sofort seine Belohnung. Er lernt, dass es nur dann etwas gibt, wenn er Ihnen das Dummy in die Hand legt.

▶ Sobald Ihr Vierbeiner sein Dummy gern nimmt und es Ihnen wieder gibt, geht es weiter.

▶ Lassen Sie ihn sitzen und gehen Sie zwei, drei Meter entfernt mit dem Futterdummy in die Hocke. Nun rufen Sie ihn, und er darf bei Ihnen angekommen gleich das Dummy nehmen. Behalten Sie Ihren Vierbeiner aber bei sich. Er soll keinesfalls mit dem Dummy weglaufen. Lassen Sie es dann – wie gewohnt – von Ihrem Hund in Ihre Hand abgeben.

Übung 3 Bei Ihnen darf er das Dummy halten.

Übung 4 Er legt es in Ihre Hand.

▶ Klappt das gut? Dann geht es weiter. Aber noch immer werfen Sie das Dummy nicht, sondern lassen den Hund auf sich zukommen. Das Dummy halten Sie aber jetzt nicht in der Hand, sondern legen es vor sich auf den Boden. Sie rufen den Hund, er nimmt das Dummy auf und gibt es Ihnen. Sehr gut!

▶ Nun bauen Sie die Übung aus. Setzen Sie den Hund immer weiter von Ihnen entfernt ab und legen Sie das Dummy immer näher in Richtung Hund. Er läuft dadurch nach und nach eine längere Strecke mit dem Futterdummy zu Ihnen.

Variante: Ist Ihr Vierbeiner schon sehr bringfreudig, oder ist ein Dummy, das auf dem Boden liegt, zu wenig reizvoll? Dann werfen Sie es ein Stück weit weg und schicken den Hund aus der Grundstellung zum Holen. Lassen Sie ihn dabei vorsichtshalber noch an einer langen Leine, damit er nicht auf die Idee kommt, mit dem Dummy abzuhauen. Sobald er Spaß an der Übung hat, lassen Sie ihn nach dem Werfen ein paar Momente sitzen und schicken ihn erst dann beispielsweise mit »Bring« los.

Übung 5 Jetzt bekommt er seine Belohnung.

Übung **1** Der Hund beißt dauernd in die Leine.

Übung **2** So macht es ihm keinen Spaß mehr.

Rüpelhaftes Benehmen

Schlägt Ihr übermütiger Junghund gelegentlich über die Stränge? Nimmt er beispielsweise unterwegs immer wieder die Leine ins Maul und funktioniert sie zum Zerrspielzeug um? Würden Sie jetzt hektisch und ärgerlich auf ihn einschimpfen, hätte das folgende Wirkung: Der Hund wird noch aufgeregter, und die Situation schaukelt sich auf. Deshalb ist hier Coolness gefragt. Nehmen Sie dem Vierbeiner völlig ruhig den Wind aus den Segeln, indem Sie ihm Ihre Aufmerksamkeit entziehen.

So klappt es: Es gibt mehrere Möglichkeiten, den Vierbeiner entsprechend zu beeinflussen:

▶ Bleiben Sie stehen und verschränken Sie die Arme. Beachten Sie den Hund nicht. Eventuell zerrt er zunächst noch weiter an der Leine. Aber da Sie nicht aktiv mitmachen, wird Ihrem Jungspund die Sache früher oder später langweilig. Hört er auf, warten Sie ein paar Momente und gehen erst dann weiter.

▶ Drehen Sie sich zum Hund und gehen Sie ruhig, aber gezielt und ohne Blickkontakt »in ihn hinein«. Dadurch zwingen Sie ihn, Ihnen auszuweichen, wodurch Sie sehr präsent und souverän wirken. Außerdem kann er nicht mehr an der Leine zerren, da sie nicht mehr straff wird. Sobald er aufhört, gehen Sie wieder in Ihre ursprüngliche Richtung weiter.

▶ Lassen Sie die Leine auf den Boden fallen, stellen Sie einen Fuß darauf und verschränken Sie die Arme. Beachten Sie den Hund nicht. Auch so wird dem Vierbeiner das Zerren an der Leine keinen Spaß mehr machen, da Sie in keinster Weise mitmachen. Auch hier warten Sie wieder einige Momente, nachdem Ihr stürmischer Vierbeiner das Zerren eingestellt hat. Nehmen Sie die Leine kommentarlos auf und gehen Sie weiter.

▶ Hängen Sie die Schlaufe der Leine an einen Zaunpfosten oder einen Ast. Gehen Sie ein Stück weg und bleiben Sie mit dem Rücken zum Hund stehen. Schauen Sie unauffällig, was er tut. Sobald er sich einige Momente ruhig verhält, gehen Sie zu

Übung 3 | Auf diese Weise muss er Ihnen ausweichen.

Übung 4 | Auch so wird es ihm langweilig.

ihm zurück – ohne ihn direkt anzusehen und ohne etwas zu sagen. Nehmen Sie die Leine wieder in die Hand und setzen Sie den Spaziergang fort.

Bitte beachten: Bei jeder dieser Vorgehensweisen ist es wichtig, dass Sie sie so oft wiederholen, bis das unerwünschte Verhalten Ihres Vierbeiners ausbleibt. Verlieren Sie nicht die Geduld. Probieren Sie aus, worauf Ihr Hund am besten reagiert und was Sie gut umsetzen können.

Nimmt Ihr Vierbeiner seine Leine vielleicht deshalb ins Maul, weil er gern etwas trägt? Dann geben Sie ihm, schon bevor er die Leine nimmt, ein Spielzeug zum Tragen. Die Betonung liegt hier ausdrücklich auf dem Wort »vorher«, damit Ihr Hund nicht lernt, dass er gerade dann ein Spielzeug bekommt, wenn er die Leine ins Maul nimmt.

Wichtig: Ein »geordneter« Aufmerksamkeitsentzug gegenüber dem Hund hilft übrigens nicht nur bei diesem konkreten Problem, sondern auch in ähnlichen Situationen.

Übung 5 | Der Mensch ist weg – wie doof …

Übung **1** **Der Hund ist nahe und nicht abgelenkt.**

Übung **2** **Ein kurzes Geräusch, der Hund verharrt.**

Sitzen auf Entfernung

Nehmen wir an, ein Skater kommt Ihnen entgegen, und Ihr Hund würde auf dem Weg zu Ihnen oder weil er das »Hindernis« nicht bemerkt, dessen Weg kreuzen. Setzt sich Ihr Vierbeiner jetzt auf Ihr Signal hin an Ort und Stelle, lässt sich so manche Situation rasch entschärfen.

So klappt es: Ihr Hund beherrscht das »Sitz« im Schlaf und befolgt auch das entsprechende Sichtzeichen (→ Seite 118).

▶ Warten Sie einen Moment ab, in dem der vierbeinige Junior zwei, drei Meter vorausläuft und nicht durch irgendetwas abgelenkt oder beschäftigt ist.

▶ Nun machen Sie ein kurzes Geräusch – nur so, dass er kurz innehält und zu Ihnen schaut. In dem Moment zeigen Sie ein deutliches Sichtzeichen für das Sitzen (die Hand darf deutlich nach oben zeigen) und machen einen oder zwei ebenso deutliche große Schritte auf den Hund zu. Damit hemmen Sie ihn

körpersprachlich, falls er sich in Ihre Richtung bewegen würde. Gleichzeitig sagen Sie deutlich »Sitz«. Sitzt er? Sehr gut!

▶ Gehen Sie nun zu ihm und belohnen Sie Ihren kooperativen Vierbeiner dort und im Sitzen mit einem Happen. Danach das Auflösen nicht vergessen! Sitzt Ihr Hund zuverlässig, können Sie zur Belohnung auch seinen Ball über ihn nach hinten werfen. Auf Ihr Auflösungssignal hin darf er ihn holen.

▶ Klappt das einige Tage hintereinander, geben Sie das Signal, wenn Ihr Vierbeiner etwas weiter weg, aber nicht abgelenkt ist und gemütlich dahinläuft.

▶ Funktioniert die Übung ohne Probleme in etwa fünf bis zehn Metern Entfernung? Dann üben Sie nun mit leichter Ablenkung und verkürzen aber zunächst die Distanz wieder. Setzen Sie Ihre Körpersprache gezielt ein!

Die Alternative: Üben Sie unbedingt auf übersichtlichem Untergrund und mit größeren Happen, denn der Hund muss sie leicht finden.

Übung **3** **Signal und Körpersprache – er sitzt.**

Übung **4** **Bringen Sie ihm die Belohnung.**

▸ Der Vierbeiner läuft ein Stück voraus. Nehmen Sie einen Happen in die Hand.

▸ Ist der Hund in »Wurfweite« entfernt und schaut oder läuft er zufällig ein paar Schritte in Ihre Richtung, holen Sie mit dem Arm ordentlich aus und werfen einen Happen über ihn nach hinten. Das wiederholen Sie einige Male.

▸ Rasch werden Sie feststellen, dass der Hund stoppt, sobald Ihr Arm nach oben geht.

▸ Nach einigen Tagen werfen Sie das Leckerchen nicht mehr sofort, sondern lassen den Arm kurz oben. Setzt er sich schon von selbst? Sehr gut!

▸ Loben Sie Ihren Hund, sobald sein Hinterteil nach unten geht, beispielsweise mit Ihrem konditionierten Belohnungswort. Dann fliegt der Happen.

▸ Setzt sich der Vierbeiner jedes Mal hin, geht Ihr Arm leer nach oben. Nehmen Sie den Happen nun mit der anderen Hand aus der Tasche.

▸ Jetzt kommt das Signal hinzu. Sobald er sich setzt, sagen Sie »Sitz«. Alternativ können Sie für das Stoppen auf Entfernung auch »Stopp« oder Ähnliches verwenden.

▸ Klappt die Übung, werfen Sie zur Belohnung auch mal das Lieblingsspielzeug des Vierbeiners.

Ziel ist bei beiden Varianten, dass der Hund sich auf Ihr Signal aus der Bewegung zu Ihnen umdreht und sitzt. Erst wenn das ohne Ablenkung klappt, üben Sie auch mit Ablenkung. Sehr sinnvoll für das Sitzen auf Entfernung ist der Einsatz der Hundepfeife. Da sie durchdringender klingt als die meisten Stimmen, besonders die von Frauen, hat die Pfeife eine bessere »Bremswirkung«. Das ist vor allem bei größeren Entfernungen und schnellen Hunden nützlich. Verwenden Sie einen einzelnen längeren Pfiff. Bei beiden Übungsvarianten setzen Sie den Pfiff zu dem Zeitpunkt ein, zu dem Sie auch das »Sitz« oder »Stopp« ins Spiel bringen. So lernt der Hund die Bedeutung des Pfiffs.

Wichtig: Belohnen Sie Ihren Hund immer in der Entfernung!

Was tun, wenn es Probleme gibt?

In der Sturm-und-Drang-Zeit Ihres Vierbeiners kann durchaus das eine oder andere Problemchen auftreten. Hier finden Sie ein paar Beispiele und wie Sie richtig reagieren. So lässt sich vieles rasch und einfach lösen.

Stürmische Begrüßung

Situation

Unser junger Vierbeiner begrüßt jeden Besucher mit überschwänglicher Freude, indem er ihn bis auf Kinnhöhe anspringt. Das empfinden viele als unangenehm. Können wir unserem Hund dieses Verhalten abgewöhnen?

Abhilfe

▶ Bei gutem Gehorsam und leichterer Ausprägung führen Sie ein, dass Ihr Vierbeiner mit etwas Abstand zur Tür sitzen oder sich ins Platz legen muss, bis der Besuch ein paar Minuten im Haus ist und Sie die Übung beenden. Währenddessen hat sich der Hund meist »heruntergefahren«.
▶ Auch eine kurze Leine am Halsband kann bei leichterer Ausprägung helfen. Lassen Sie den Vierbeiner an Ihrer Seite sitzen, während Sie den Besuch hereinbitten.
▶ Binden Sie den Hund mit der Leine im Eingangsbereich und ebenfalls ein Stück von der Tür entfernt fest. Beachten Sie ihn nicht. Der Besuch kommt herein. Sie warten, bis der Hund sich beruhigt hat und sich eine Zeit lang entspannt verhält. Dann holen Sie ihn dazu. Ist er »normal« freundlich, darf er den Besuch begrüßen. Ansonsten legen Sie ihn neben sich ins Platz oder binden ihn ohne Kommando an, bis sich seine Aufregung gelegt hat.

Wichtig: Bei all diesen Varianten müssen alle Besucher Ihren Hund ignorieren und Abstand halten. Denn wird er angesprochen oder angeschaut oder gehen Besucher direkt an ihm vorbei, fällt es ihm natürlich sehr schwer, sich ruhig zu verhalten. Sie selbst sollten, wie so oft in der Hundeerziehung, ohne jegliche Hektik agieren, auch ohne Schimpfen. Achten Sie bei sich selbst und den Familienmitgliedern genauso darauf, den Hund beim Heimkommen ruhig und nur kurz zu begrüßen.

Wenn der Hund nicht hört

Situation

Unser Hund läuft bei Spaziergängen gern voraus. Wenn wir ihn rufen, reagiert er meist gar nicht, oder er schaut nur kurz auf und läuft weiter. Wie können wir das ändern?

Ursache und Abhilfe

Meist liegt das daran, dass Ihr Hund sich Ihrer zu sicher ist. Es eilt nichts, Sie warten eh auf ihn oder kommen nach, meint er – vermenschlicht ausgedrückt. Denken Sie an die Welpenzeit und die gemeinsamen Bindungsspaziergänge, und machen Sie es wieder ähnlich, um auf diese

Weise die Orientierung des Hundes an Ihnen zu festigen:

▶ Ändern Sie auch in bekanntem Gebiet immer wieder die Richtung, und zwar bevor der Vierbeiner zu weit weg ist, also sobald er höchstens etwa 10 Meter voraus ist.

▶ Gehen Sie immer zügig.

▶ Kündigen Sie die Richtungswechsel nicht an.

▶ Interessiert er sich zum Beispiel für eine Duftmarke, erhöhen Sie sofort Ihr Tempo.

▶ Rufen Sie ihn nur einmal deutlich.

▶ In dem Moment, in dem Sie ihn rufen, entfernen Sie sich mit erhöhtem Tempo.

Wichtig: Warten Sie auch nicht einen kurzen Moment, ob Ihr Vierbeiner kommt. Denn schaut er kurz und sieht Sie stehen, dann eilt es in seinen Augen nicht. Laufen Sie jedoch davon, wird er kommen. Durch die unangekündigten Richtungswechsel werden Sie ihn seltener rufen müssen, da er wieder von sich aus mehr in Ihrer Nähe bleibt. Das ist wesentlich sinnvoller, als den Hund jedes Mal zu rufen, wenn er sich zu weit entfernt hat. Denn was hilft es, wenn er zwar kommt, aber nach Ihrer Freigabe sofort wieder zu weit vorausläuft.

Ausgeprägter Jagdinstinkt

Situation

Obwohl ich schon sehr viel mit meiner Hündin trainiert habe und sie auch ohne Wildwitterung zuverlässig hört, stellt sie bei Witterung eines Wildes die Ohren auf Durchzug. Wie kann ich ihr das abgewöhnen?

Abhilfe

Es gibt noch die Möglichkeit, mit langer Leine (Schleppleine) zu trainieren, um so den ausgeprägten Jagdinstinkt Ihrer Hündin in die richtigen Bahnen zu lenken. Verwenden Sie eine fünf bis zehn Meter lange Suchleine (aus dem Zoofachhandel). Richten Sie sich bei der Länge der Leine danach, was Sie am besten handhaben können.

▶ Der Hund trägt die Schleppleine bei jedem Spaziergang, damit er keinen Zusammenhang zwischen Tragen bzw. Nichttragen und Jagd lernt.

▶ Sie halten das Ende in der Hand. Hat der Hund Witterung aufgenommen, ändern Sie, kurz bevor die Leine straff wird, die Richtung um 180 Grad (→ Seite 129). Er bekommt dadurch einen Impuls an der Leine, der sein Verhalten unterbricht und ihm gleichzeitig zeigt, dass er nicht auf Sie geachtet hat. Folgt er nun und kommt zu Ihnen, gibt es natürlich eine Belohnung.

▶ Nach einigen Tagen festigen Sie zusätzlich das Signal »Hier« über die Schleppleine. Hört der Hund nicht aufs erste Mal, setzen Sie es beim zweiten Mal mit einem kurzen Impuls (Ruck) über die Leine durch.

▶ Auch das Signal »Raus« können Sie so durchsetzen, nachdem Sie es dem Hund mit Leckerchen beigebracht haben und er die Übung verstanden hat (→ Seite 131).

▶ Wenn der Hund ohne Ihre Einwirkung gehorcht, lassen Sie die Leine noch einige Wochen am Boden schleifen. Anschließend können Sie sie wöchentlich kürzen, bis nur noch ein kurzes Stück am Halsband hängt.

Wichtig: Schleift die Leine am Boden, darf keine Schlaufe am Ende sein. Machen Sie einen Knoten ins Ende der Leine, damit sie nicht unter Ihrem Schuh durchrutscht, falls Sie mal eingreifen müssen und dazu auf die Leine treten. Achten Sie darauf, dass Impulse an der Leine nicht zu stark ausfallen. Konsultieren Sie einen Trainer, falls Sie praktische Unterstützung brauchen. Denken Sie auch daran, den Hund genügend durch Alternativen auszulasten.

Übungen im neunten und zehnten Monat

Nun sind Sie schon seit vielen Monaten ein hoffentlich glücklicher Hundebesitzer. Ist es nicht faszinierend, wie gut Mensch und Hund miteinander kommunizieren? Sicher können Sie auch beobachten, wie sehr sich Ihr vierbeiniger Begleiter schon auf Sie eingestellt hat und wie routiniert er viele Dinge bereits macht, trotz des vielleicht einen oder anderen Pubertätsproblemchens, das auftaucht.

Den Gehorsam festigen

Ihr Junior hat schon vieles gelernt, und Sie haben ihm die einzelnen Übungen über positive Motivation, also durch Belohnen, beigebracht. Ihre gezielte Körpersprache und Stimme haben ebenfalls wesentlich zum Lernerfolg beigetragen. Achten Sie, wie schon in der Welpenzeit, auch jetzt immer darauf, dass Ihr Vierbeiner Ihren Anweisungen trotz seines jugendlichen Übermuts nachkommt.

Das bedeutet einerseits, nicht zu viel vom Hund zu verlangen und ihn nicht zu überfordern. Andererseits bedeutet es aber auch, ein Signal, das er beherrscht, dann durchzusetzen, wenn der Hund es nicht befolgt. Sie werden schon bemerkt haben, dass Ihr Hundejunior durchaus auch andere Interessen wie etwa ausgiebiges »Lesen« der Duftnachrichten von Artgenossen, Begrüßen von Passanten oder anderen Hunden usw. hat. Je nach Typ und Ihrer bisherigen Erziehung versucht der Hund nun bisweilen, Ihre Signale zu ignorieren. Hat Ihr Vierbeiner immer wieder die Möglichkeit, Sie erfolgreich zu »überhören«, wird er Sie bald nicht mehr ernst nehmen. Das sollten Sie, auch zu seiner eigenen Sicherheit, auf alle Fälle vermeiden.

Wie korrigieren?

Das hängt ganz davon ab, welcher Typ Ihr Vierbeiner ist. Meist reicht es, wenn man das Signal mit fester Stimme und souveräner Körpersprache wiederholt, sich »drohend« räuspert oder »knurrt«. Anderen Hunden wiederum ist etwa ihr Ball so wichtig, dass reines Ignorieren des Nichtbefolgens und das Ausbleiben des Balls schon dazu führen, dass der Hund die Übung ausführt. Das nennt man »negative Strafe«, weil etwas Angenehmes weggenommen wird bzw. ausbleibt. Doch was, wenn der feste Tonfall nichts nützt, Ihr Vierbeiner nicht derart ausgeprägt auf sein Spielzeug steht und eher von der renitenteren Sorte ist? Dann darf man auch mal »handgreiflich« werden, was natürlich keinesfalls groben Zwang oder gar Schlagen bedeutet.

Setzt sich der Hund zum Beispiel nicht, können Sie ihn am Hinterteil antippen. Das reicht oft schon. Wenn nicht, dann ziepen Sie ihn dort kurz etwas am Fell. Das ist unangenehm, er weicht nach unten aus, und schon sitzt er. Da man hier einen unangenehmen Reiz hinzufügt, heißt diese Art des Einwirkens »positive Strafe«. Ignoriert Ihr Vierbeiner Sie völlig, weil er in Ihrer Nähe etwa entrückt an einer Duftmarke »klebt«, Sie ihm aber das Signal »Fuß« gegeben haben, können Sie ihn »erinnern«. Rempeln Sie ihn beispielsweise kurz ein wenig an, damit er wieder registriert, dass Sie da sind. Das darf ihm aber weder wehtun noch ihn womöglich aus dem Gleichgewicht bringen, sondern das Anrempeln soll lediglich ein »Hoppla – da ist ja noch mein Zweibeiner« bei ihm bewirken.

Bitte beachten: Beim Korrigieren sollten Sie unbedingt auf auf Folgendes achten:

▶ Sie müssen sich sicher sein, dass Ihr Hund die Übung grundsätzlich und unter den Bedingungen der Situation, in der er Sie »überhört« hat, normalerweise beherrscht.

▶ Sie sollten ihn sehr gut einschätzen können, damit Sie in der Lage sind, seinem Typ entsprechend zu reagieren – keinesfalls zu stark, aber auch nicht zu lasch. Mehr als zweimal sollten Sie ein Hörzeichen nicht geben müssen.

▶ Denken Sie stets auch an Ihr grundsätzliches Verhalten. Wer immer darauf bedacht ist, dem Hund alles recht zu machen, darf sich nicht wundern, wenn der Vierbeiner jetzt, wo er bald erwachsen ist, sein eigenes Ding macht. Eine Korrektur würde er dann überhaupt nicht einordnen können. Zeigt sich Ihr Vierbeiner nicht nur ab und zu ignorant, sondern überwiegend, sollten Sie zuerst Ihren grundsätzlichen Umgang mit ihm auf den Prüfstand stellen, bevor man ihn bei jedem Nichtbefolgen korrigiert.

▶ Bleiben Sie immer ruhig und beherrscht. Anschreien oder hektisches mehrfaches Wiederholen des Hörzeichens bewirken genau das Gegenteil von dem, was Sie möchten.

▶ Nutzen Sie stets Körpersprache und Stimme bewusst.

Wichtig: Grundsätzlich tabu als Strafe für den Hund sind:

▶ Der Klaps mit der Zeitung,

▶ Schütteln am Nackenfell,

▶ den Hund auf den Rücken werfen,

▶ Treten oder Schlagen und ähnliches Verhalten.

Stundenplan

Themen rund um den neunten und zehnten Monat

Den Gehorsam festigen
Kleiner Hundeknigge

Übungen	Wie oft?
»Bleib« mit Umkreisen	mehrmals pro Woche
Sitzen auf Entfernung	mehrmals pro Woche
Souverän durch Körpersprache	immer im gesamten Umgang mit dem Hund
Erstes »Bleib« außer Sicht	2-mal pro Woche
Grundstellung verfeinern	mehrmals pro Monat

Kleiner Hundeknigge

Begegnungen mit Artgenossen gehören zum Alltag eines jeden Hundehalters. Haben Sie Ihren Welpen gut sozialisiert und ist er auch von seinen Anlagen »normal«, wird es in aller Regel keine besonderen Probleme im Kontakt mit Artgenossen geben – sofern Sie sich richtig verhalten. Denn viele Missverständnisse unter Hunden haben ihre Ursache im falschen Verhalten der dazugehörigen Zweibeiner.

Wie viel Hundekontakt?

Genau wie in der Welpenzeit ist es auch jetzt ausreichend, wenn der Hund gelegentlich Kontakt zu Artgenossen hat. Er braucht die Begegnung nicht täglich und auch nicht in

Durch intensives Schnüffeln am Hinterteil bekommt der Vierbeiner viele Infos über seinen Artgenossen.

Sind Sie sich nicht sicher, ob beide Vierbeiner sich sympathisch sind, gehen Sie am besten einfach weiter.

großen Meuten. Zu viel Hundekontakt ohne entsprechenden Gehorsam und Bindung führt nämlich oft dazu, dass der Vierbeiner immer mehr dazu neigt, die Ohren auf Durchzug zu stellen. Er ist dann nicht mehr zu halten, sobald ein Artgenosse am Horizont auftaucht.

Das kann durchaus zu unangenehmen Situationen mit Zwei- und Vierbeinern führen. Deshalb sollten Sie, auch wenn es zweifellos Spaß macht, Hunden beim Toben zuzusehen, auf gewisse Dinge achten. So kann das ausgelassene Spiel in größeren Gruppen durchaus Stress für den Vierbeiner bedeuten. Denn nicht alles, was vielleicht nach »Spiel und Spaß« aussieht, muss auch wirklich so sein. Und noch eines: Können Sie Ihren Hund gegebenenfalls zu sich rufen? Wie sieht es damit bei den Besitzern der anderen Hunde aus? Machen Sie sich selbst ein Bild.

Hundekontakte sinnvoll nutzen

Verabreden Sie sich hin und wieder mit dem einen oder anderen Hundehalter zum gemeinsamen Spaziergang? Dann gestalten Sie den Ausflug doch so, dass er sowohl Vier- als auch Zweibeinern nutzt. Machen Sie zwei, drei Übungen, erst dann dürfen die Hunde spielen. Aber vergessen Sie nicht das richtige Ableinen!

Lassen Sie den Vierbeiner also sitzen, und erst, wenn er auf Ihr Signal »Schau« Blickkontakt aufnimmt, darf er losstarten. Zwischendurch holt jeder seinen Hund wieder einmal zu sich zurück, spielt selbst eine Weile mit seinem Vierbeiner, oder man lässt alle Hunde ein Stück bei Fuß gehen oder macht andere Übungen.

Auf diese Weise lernt der Hund, dass Sie immer präsent sind und er auch mit Ihnen Spaß haben kann, wenn Artgenossen mit von der Partie sind. Orientiert sich Ihr Vierbeiner dann auch in solchen Situationen bereitwillig an Ihnen, können

Sie wirklich stolz auf Ihre Erziehungsarbeit sein. Sie und Ihr Vierbeiner sind ein tolles Team!

Bei Begegnungen richtig reagieren

Trifft man unterwegs auf fremde Hunde mit ihren Besitzern, helfen ein paar einfache Regeln, Probleme mit Vier- und Zweibeinern zu vermeiden:

▸ Kommt Ihnen ein angeleinter Hund entgegen, holen Sie Ihren Vierbeiner zu sich – auch dann, wenn er nur spielen möchte. Treffen nämlich ein unangeleinter und ein angeleinter Hund aufeinander, kann es Raufereien geben, weil ein angeleinter Vierbeiner sich meist anders verhält, als wenn er frei laufend wäre. Auch der nicht angeleinte Hund reagiert unter Umständen anders. Möchte jemand seinen Hund an der Leine lassen, sollte man das respektieren. Dessen Vierbeiner kann zum Beispiel krank, läufig oder unverträglich sein. Vielleicht übt der Besitzer auch gerade etwas.

▸ Umgekehrt gilt das natürlich auch, wenn Sie Ihren vierbeinigen Junior, aus welchen Gründen auch immer, lieber bei sich behalten möchten.

▸ Zwei angeleinte fremde Hunde sollten besser keinen Kontakt an der Leine haben. Sie sind in ihrer Bewegungsfreiheit sehr eingeschränkt und beengt und können daher nicht richtig miteinander kommunizieren. Da sind Probleme oft vorprogrammiert. Erlebt der Vierbeiner häufig solche Situationen, kann er daraus an der Leine ein grundsätzlich aggressives Verhalten gegenüber Artgenossen entwickeln.

▸ Begegnungen frei laufender Hunde verlaufen in den meisten Fällen problemlos. Vielleicht spielen sie miteinander. Aber auch wenn der andere, etwa weil er schon älter oder nicht der Spieltyp ist, keine Lust auf Ihren Jungspund hat und ihm das durch Körpersprache und Mimik signalisiert, ist das normal. Ihr Vierbeiner sollte das so akzeptieren. »Bespielt« er den anderen jedoch weiter und reagiert nicht auf die hündische Botschaft, holen Sie ihn zu sich.

▸ Haben Sie einen Rüden, wird er jetzt von Geschlechtsgenossen auch schon als solcher wahrgenommen. Dann kann es sein, dass die Hunde Imponierverhalten zeigen und sich in steifer Körperhaltung umkreisen. Besonders auch dann,

Geschlechtsreife Rüden hinterlassen nun gezielt viele kleine Nachrichten durch das Markieren an exponierten Stellen.

143

wenn Ihr Halbstarker sich überschätzt und schon mal die Muskeln spielen lässt. Lassen Sie den Vierbeinern Platz und gehen Sie (wie auch der Besitzer des anderen Hundes) am besten einfach zügig und kommentarlos weiter.

Ihr Junior wird Ihnen folgen. Besonders rasch dann, wenn er es von klein auf gewöhnt ist, von sich aus Anschluss zu Ihnen zu halten. Einengende Situationen oder hektisches Rufen beziehungsweise Schimpfen können dagegen Handgreiflichkeiten zwischen den Vierbeinern auslösen.

▶ Nähert sich Ihre Hündin der ersten Läufigkeit, riechen Rüden das schon lange vorher. So mancher hormonell besonders gut ausgestattete Hundemann rückt einer Hündin dann ziemlich renitent auf den Pelz und versucht ständig aufzureiten. Bitten Sie in dem Fall den Besitzer, seinen Rüden wegzuholen. Denn junge Hündinnen können sich solcher hartnäckiger Verehrer meist nicht allein erwehren (→ Die Hündin wird geschlechtsreif, Seite 109).

»Bleib« mit Umkreisen

Auf dem Weg zum Bleiben außer Sicht kommen wir jetzt zur nächsten Stufe. Ihren Vierbeiner bringt es nicht aus der Ruhe, wenn Sie im Halbkreis um ihn herum gehen.

So klappt es: Vergrößern Sie den Abstand zu Ihrem abgelegten oder sitzenden Hund. Die Leine können Sie nach vorne in ihrer vollen Länge auslegen oder sie auch ganz weglassen, falls Sie sich sicher sind, dass Ihr Vierbeiner an Ort und Stelle ausharrt. Bleibt er auch dann völlig gelassen liegen oder sitzen, wenn Sie etliche Meter entfernt sind, wird aus dem Halbkreis ein ganzer Kreis.

Varianten: Bringen Sie mit folgenden Abwandlungen der Übung noch mehr Abwechslung in das Training.

▶ Besonders reizvoll und interessant wird die Übung, wenn Sie mit zunehmender Sicherheit des Hundes Ihr Tempo erhöhen. Laufen oder hüpfen Sie zum Beispiel vor dem Hund hin und her oder um ihn herum. Bauen Sie diese Art der Ablenkung aber mit viel Gefühl auf, damit Ihr Vierbeiner sich langsam an die hohe Reizlage gewöhnt und nicht von Ihrem Auftritt »mitgerissen« wird.

▶ Viel Gehorsam und Selbstbeherrschung des Hundes sind auch dann nötig, wenn Sie vor dem Hund stehen und wiederholt seinen Ball hochwerfen und wieder auffangen. Bewegen Sie sich in dieser Situation auch noch, wird es für Ihren vierbeinigen Liebling noch schwieriger, sich im Zaum zu halten. Auch hier bitte mit viel Gefühl trainieren!

Sitzen auf Entfernung mit Ablenkung

Nachdem Sie nun eine Zeit lang den Pfiff bzw. das »Sitz« auf Entfernung ohne jegliche Ablenkung trainiert haben, setzt sich Ihr Vierbeiner an Ort und Stelle, sobald er Ihr Signal hört (→ Seite 136). Wenn diese Übung in einer Entfernung

Der junge Hund bleibt auch unter Ablenkung ruhig liegen, während Frauchen ihn umkreist.

von einigen Metern klappt, gestalten Sie nun das Training mit etwas Ablenkung.

So klappt es: Ihr Hund schnüffelt ein paar Meter voraus am Boden, ist aber nicht völlig »entrückt«.

▸ Nun pfeifen Sie oder sagen deutlich und in verbindlichem Tonfall »Sitz«. Gleichzeitig nehmen Sie den Arm hoch, damit der Vierbeiner das unterstützende Sichtzeichen sofort sieht, sobald er zu Ihnen blickt. Wenn nötig, gehen Sie mit ein paar großen Schritten auf ihn zu.

▸ Sitzt der Hund, warten Sie einige Momente, dann kommt Ihr konditioniertes Belohnungswort, das eine Belohnung ankündigt (→ Seite 97). Gehen Sie nun zu ihm und bringen Sie ihm den Happen oder werfen Sie seinen Ball hinter ihn. Sollte er aber weiterschnüffeln, gehen Sie kommentarlos zu ihm, und bringen Sie ihn etwas nachdrücklich an die Stelle, an der er war, als Ihr Signal kam. Dabei sagen Sie noch mal deutlich »Sitz« oder Sie pfeifen. Beachten Sie dazu bitte auch den Text auf Seite 140/141.

▸ Sobald sich Ihr Vierbeiner nun unter leichter Ablenkung zuverlässig setzt, nehmen Sie den »realen Einsatz« in Angriff. Suchen Sie sich einen relativ breiten Weg, auf dem nicht allzu viel los ist.

▸ Kommt ein Spaziergänger oder Freizeitsportler entgegen und befindet sich Ihr Hund nahe des Wegrandes und läuft ein paar Meter vor Ihnen entspannt dahin? Dann geben Sie jetzt – wieder deutlich – Ihr Signal. Sitzt der Hund? Bravo! Belohnen Sie ihn wie gewohnt.

▸ Hat das ein paar Mal geklappt, belohnen Sie Ihren vierbeinigen Junior erst, wenn der Zweibeiner vorbeigegangen ist.

▸ Über die nächsten Monate bauen Sie die Übung langsam immer weiter aus, sodass der Vierbeiner letztlich auch in größerer Entfernung und unter zunehmender Ablenkung auf Ihr Signal hin sitzt.

Sitzen auf Entfernung im Alltag. So kann der Jogger in Ruhe vorbeilaufen, der Vierbeiner hat sich eine Belohnung verdient.

Nutzen Sie den Spaziergang mit einem befreundeten Hundehalter für gemeinsames Üben. Das macht Spaß und festigt das Gelernte.

Übung **1** Der Hund weicht zurück und sitzt.

Übung **2** Auf ihn zugehen verhindert das Aufstehen.

Souverän durch Körpersprache

Voraussetzungen: Ihre Körpersprache war bisher schon immer ein wichtiges Verständigungsmittel. Auch jetzt in der Junghundezeit, in der Ihr Vierbeiner ab und zu etwas infrage stellt, ist sie gefragt.

So klappt es: Hier finden Sie ein paar Beispiele. Im Alltag werden Ihnen im Lauf der Zeit noch viel mehr Situationen auffallen, in denen Sie Ihren Vierbeiner damit leiten können.

▶ Ihr Hund setzt sich nicht? Stellen Sie sich direkt vor ihn oder bewegen sich noch etwas auf ihn zu. Dann wird er sich setzen.

▶ Der Vierbeiner beginnt, aus dem Bleib aufzustehen. Gehen Sie sofort entschlossen auf ihn zu. Würden Sie stehen bleiben und seinen Namen sagen, würde er garantiert aufstehen.

▶ Ihr vierbeiniger Dickkopf bleibt trotz richtigen Übungsaufbaus meist nur kurz im Platz liegen? Sobald er liegt, stellen Sie einen Fuß auf die Leine. Und zwar so, dass sie locker ist, solange der Hund liegt, aber straff wird, sobald er sich aufsetzt. Er kann nun entscheiden, ob er lieber unbequem sitzt bzw. steht oder bequem liegt. Er wird sich früher oder später hinlegen. Souverän wirken Sie, weil Sie weder das Hörzeichen wiederholen noch sich dem Hund zuwenden. Nach ein paar Trainingseinheiten wird der Vierbeiner ohne Ihre Einwirkung liegen bleiben. Üben Sie auf festem Untergrund, denn im Stehen könnte Ihr Vierbeiner zum Beispiel durchaus buddeln. Verwenden Sie keinesfalls ein Halsband, das sich zusammenzieht. Für sehr sensible oder ängstliche Hunde ist diese Vorgehensweise nicht geeignet.

▶ Sie gehen mit dem angeleinten Hund an Ihrer (linken) Seite. Es kommen Ihnen beispielsweise ein paar Kinder entgegen, auf die Ihr Hund sich konzentriert, was Sie aber nicht wollen. Drängen Sie Ihren Hund (nach links) ab. Dabei gehen Sie entschlossen und berühren, wenn nötig, den Vierbeiner mit Ihrem linken Bein. Je nachdem, wie gut er auf Ihr Verhalten reagiert,

Übung 3 Für Dickköpfe – Liegenbleiben ist bequemer.

Übung 4 Abdrängen – Sie geben die Richtung vor.

reicht es, einen Bogen um die Ablenkung zu gehen. Sie können aber auch um 90 oder um 180 Grad wenden. So zeigen Sie ihm, dass Sie die Ablenkung nicht interessiert und sich daher auch Ihr »Teammitglied« nicht damit beschäftigen wird.

▶ Hat Ihr angeleinter Hund etwa eine Katze gesehen und würde sie gern jagen? Will er deshalb stehen bleiben, gehen Sie einfach zügig weiter. Befindet sich die Katze Ihnen voraus und hat Ihr Hund Sie überholt, machen Sie auf dem Absatz kehrt und gehen entschlossen weiter. Sagen Sie auch hier wieder nichts, denn Ihr Hund ist angeleint und kann gar nicht anders, als mit Ihnen zu kommen. Je sicherer und unbeeindruckter Sie weitergehen, desto klarer ist für Ihren Hund, dass ihn das nicht zu interessieren hat. Werden Sie dagegen langsamer oder bleiben stehen, zeigen Sie Ihrem Vierbeiner, dass auch Sie die Katze interessant finden und er sich ganz darauf konzentrieren darf. So können Sie sich dann verhalten, wenn Sie Ihren Hund auf etwas aufmerksam machen möchten.

Übung 5 Souveränes Gehen – der Hund folgt.

Erstes »Bleib« außer Sicht

Um etwa Ihr Kind in den Kindergarten zu bringen oder im Café zum Händewaschen zu gehen, ist es nützlich, wenn der Hund kurze Zeit abgelegt werden kann, ohne dass er Sie sieht.

So klappt es: Suchen Sie sich zum Üben eine Stelle mit einem größeren Busch oder einer ähnlichen Versteckmöglichkeit. Nun legen Sie Ihren Vierbeiner ins Platz und entfernen sich. Zunächst gehen Sie so vor ihm hin und her oder umkreisen ihn, dass Sie vor dem Versteck vorbeigehen. Bleibt er unbeeindruckt an Ort und Stelle, gehen Sie nun hinter dem Versteck vorbei. Ihr vierbeiniger Begleiter hat auch damit keine Probleme? Sehr schön! Dann bleiben Sie beim nächsten Mal im Versteck stehen. Beobachten Sie, was er tut, und gehen Sie zu ihm zurück, solange er noch völlig ruhig liegen bleibt. Dehnen Sie die Zeit allmählich aus. Bleibt der Hund stets entspannt und ohne zu robben liegen, üben Sie an unterschiedlichen Stellen, aber noch ohne Ablenkung.

Mit leichter Ablenkung üben: Bleibt der Vierbeiner mindestens zwei Minuten liegen, ohne dass er Sie sehen kann? Dann ist er »reif« für erste Ablenkungen. Suchen Sie sich eine Stelle, an der etwas entfernt Spaziergänger vorbeigehen. Oder legen Sie ihn zu Hause auf seinem Platz ab und gehen Sie in einen anderen Raum. Es sollte jedoch niemand nahe an den Hund herangehen und ihn auch nicht ansprechen.

Wichtig: Vermeiden Sie, dass Ihr Hund aufsteht oder robbt. Er muss genau an der ihm zugewiesenen Stelle bleiben. Leckt sich der Vierbeiner etwa die Schnauze, gähnt, kratzt sich, rutscht von einer Hinterbacke auf die andere oder wirkt angespannt? Spätestens jetzt ist es Zeit, die Übung zu beenden!

Schritt 1 Zuerst bleiben Sie vor dem Busch.

Schritt 2 Dann verschwinden Sie kurz dahinter.

Schritt 1 Der Hund sitzt neben Ihnen.

Schritt 2 Der Hund folgt Ihnen um 90°.

Schritt 3 Er sitzt wieder parallel.

Grundstellung verfeinern

Die Grundstellung kennen Sie schon aus der Welpenzeit (→ Seite 60). Damit sie für den Hund nicht langweilig, sondern eine durchaus abwechslungsreiche Übung ist, trainieren Sie einmal folgende Variante. Durch sie werden sowohl Aufmerksamkeit als auch Konzentration gefördert.

So klappt es: Beginnen Sie, wenn nötig, mit einem Leckerchen. Nehmen Sie Ihren Vierbeiner bei Fuß (angenommen links) und lassen Sie ihn parallel neben sich sitzen. Machen Sie mit dem Kommando »bei Fuß« auf der Stelle eine Vierteldrehung nach rechts und bleiben Sie stehen. Gehen Sie also keinen Bogen. Ihr Vierbeiner muss dabei nur ein, zwei Schritte gehen. Dann sollte er wieder schön parallel an Ihrer Seite sitzen. Belohnen Sie ihn. Nun nehmen Sie ein neues Leckerchen, und es folgt die nächste Vierteldrehung nach rechts. Und so weiter, bis Sie wieder in der Ausgangsstellung sind. Halten Sie das Leckerchen so, dass Ihr Vierbeiner immer dicht an Ihrem Bein bleibt. Hat er nach ein paar Tagen raus, worum es geht, gibt es mal nach zwei, mal nach drei Vierteldrehungen ein Häppchen, dann erst wieder nach der vierten.

Schwierigere Variante: Beherrscht der Hund rechtsherum ohne Leckerchen, ist die andere Richtung dran. Wenn Sie jetzt eine Vierteldrehung nach links machen, gehen Sie einen kleinen Bogen. Ihr Vierbeiner dagegen rutscht praktisch im Sitzen ein wenig zurück, um bei Fuß zu bleiben. Belohnen Sie zunächst jede einzelne Drehung nach und nach variabel wie oben.

Wichtig: Führen Sie den Hund rechts, beginnen Sie mit Drehungen nach links. Machen Sie nicht mehr als zwei »Durchgänge« nacheinander, sonst wird es zu viel.

149

Übungen im elften und zwölften Monat

Die Junghundezeit neigt sich dem Ende zu, der erste Geburtstag Ihres Vierbeiners ist nicht mehr weit. Bis er ganz erwachsen ist, vergeht aber noch etwa ein Jahr. Ihr Junior hat nun weitgehend alles, was ein Familienhund in unserer Gesellschaft kennen und können sollte, erlebt und gelernt. Jetzt heißt es weiter dranbleiben, damit all das erhalten bleibt!

Beschäftigung ist wichtig

Bereits auf Seite 125 konnten Sie lesen, wie wichtig Beschäftigung für und mit dem Vierbeiner ist und dass dabei neben der Bewegung auch die Kopfarbeit nicht zu kurz kommen darf. Genügend Auslastung bewirkt grundsätzlich, dass der Hund ausgeglichen ist. Dann ist er zufrieden, und das wiederum wirkt sich positiv auf das alltägliche Miteinander von Vier- und Zweibeiner aus. Außerdem festigt gemeinsames Tun die Bindung. Doch wie viel Beschäftigung ist richtig? Pauschal lässt sich das nicht so einfach beantworten, da nicht alle Hunde gleich sind.

▶ Rassen, bei denen züchterisch – im Hinblick auf ihre eigentlichen Aufgaben – Wert auf eine hohe Leistungsbereitschaft und Ausdauer gelegt wird, sind dahingehend anspruchsvoller als geruhsamere Vierbeiner. Aber auch Letztere schätzen Gehirnjogging oder Geschicklichkeitsübungen. Sie »wachen« dadurch in vielen Fällen regelrecht auf.

▶ Für Hunde, die unterwegs viel Eigenständigkeit zeigen, zu einem größeren Radius neigen oder unerwünschtes Verhalten (zum Beispiel Jagen von Joggern usw.) an den Tag legen, sind neben Übungen wie Richtungswechsel, Handfütterung, Festigung des Gehorsams weitere Alternativen sinnvoll. So werden ihre Energien und Interessen in geordnete Bahnen gelenkt, die auch noch Spaß machen.

▶ Ihre Spaziergänge müssen nicht von A bis Z durchgestylt sein. Aber zwischendurch ein paar Richtungswechsel, die eine oder andere Bei-Fuß- oder Balancierübung über verschiedene Baumstämme oder Suchspiele usw. »würzen« den Spaziergang, fördern die Aufmerksamkeit des Vierbeiners und das Miteinander von Mensch und Hund. Einige Vorschläge finden Sie auf Seite 154 bis 157.

▶ Passen Sie Art und Dosis Ihrem Hund an. Beispielsweise sollten für Vierbeiner, die zum »Überdrehen« neigen, ruhige Konzentrationsübungen regelmäßig auf dem Programm stehen. Bieten Sie diesem Hundetyp nämlich vor allem Actionspiele an, wird er dadurch noch mehr »hochgefahren«.

Die Belastbarkeit des Hundes

Mit einem Jahr ist der gesunde Vierbeiner körperlich belastbar. Sie können ihn zum Joggen mitnehmen oder, falls er sich im Körperbau dafür eignet, auf Feldwegen frei am Rad mitlaufen lassen. Auch bei Spaziergängen müssen Sie nicht mehr auf die Uhr schauen. Steigern Sie die Anforderungen aber allmählich. Möchten Sie Hundesport wie zum Beispiel Agility mit ihm betreiben, sollten Sie Ihren Vierbeiner allerdings zuerst dem Tierarzt vorstellen und am besten Hüften und Ellenbogen röntgen lassen. Ihr Hund kann eine Hüftgelenks- oder Ellenbogendysplasie haben, ohne dass er bisher Beschwerden zeigt. Eine zu starke Belastung kann dann aber zu Schäden führen. Ist er gesund, steht einer Sportkarriere jedoch nichts mehr im Weg.

Ohne Leine üben

Bei allen Übungen, die der Hund zuverlässig beherrscht, können Sie nach und nach immer mal wieder die Leine weglassen. Das Halsband bleibt dabei jedoch immer angelegt. Üben Sie also das Bleiben ohne Leine, das ruhige Sitzen und das Platz neben Ihnen und auch das Fußgehen. Wird eine Übung aber wieder ungenau, trainieren Sie bitte wieder vermehrt mit Leine, anstatt den Hund auf eine andere Art und Weise zu korrigieren.

Variante Ableinen: Hier ein kleines Beispiel: Leinen Sie den Hund hin und wieder im Sitzen ab, ohne ihn anschließend frei laufen zu lassen. Üben Sie zunächst ohne Ablenkung.

So klappt es: Lassen Sie den Vierbeiner an Ihrer Seite sitzen. Leinen Sie ihn ab. Sicherheitshalber wiederholen Sie jetzt das Signal »Sitz«.

▶ Fordern Sie keinen Blickkontakt, denn es kommt keine Freigabe zum frei Laufen!

▶ Warten Sie eine halbe oder ganze Minute und leinen Sie den Hund wieder an. Ist er ruhig sitzen geblieben? Sehr gut! Üben Sie nach und nach unter steigender Ablenkung.

Ableinen sollte der Hund nicht immer nur mit anschließendem Freilauf verbinden. Bei dieser Übung zeigt sich auch, ob Sie ihn bisher wirklich immer nur bei Blickkontakt haben laufen lassen oder auch des Öfteren ohne. War nämlich Letzteres der Fall, wird er gespannt in den Startlöchern sitzen oder gleich weg sein ...

Stundenplan

Themen rund um den elften und zwölften Monat

Beschäftigung ist wichtig
Die Belastbarkeit des Hundes

Übungen	Wie oft?
Ohne Leine üben	immer wieder zwischendurch
Längeres Alleinbleiben	hin und wieder bzw. wenn nötig
Bleiben außer Sicht im Alltag	2–3-mal pro Woche
Spaziergänge gestalten	1-mal täglich
»Bei-Fuß«-Variationen	regelmäßig einbauen
Leinenführigkeit festigen	2–3-mal pro Woche

Längeres Alleinbleiben

Sie haben das Alleinbleiben langsam ausgebaut, sodass der Junghund drei bis vier Stunde problemlos allein bleibt. Sehr viel länger als fünf Stunden sollte ein Hund jedoch nicht regelmäßig allein sein müssen. Das ist nicht artgerecht. Besonders für recht aktive, quirlige Hunde kann das bei bester Gewöhnung zu viel werden.

So klappt es: Viele Hunde haben mit dem Alleinbleiben auch über mehrere Stunden keine allzu große Schwierigkeiten. Um eventuellen Problemen jedoch gleich vorzubeugen, sollten Sie zusätzlich zu den bisher genannten Punkten noch ein paar weitere beachten (→ auch Seite 46 und 96).

▶ Verschaffen Sie einem sehr »energiereichen« Junghund schon am Abend vorher entsprechende Auslastung, damit er wirklich müde ist, wenn er allein bleiben soll.

▶ Bevor Sie aus dem Haus gehen, gibt es noch mal ausreichend Auslauf und die eine oder andere mentale Aufgabe.

▶ »Klebt« Ihr Vierbeiner grundsätzlich ziemlich an Ihnen, gibt es beim morgendlichen Spaziergang nur wenige Übungen, die ein enges Miteinander oder viel Lob erfordern, um den Hund nicht zusätzlich auf sich zu fixieren. Bei sehr aktiven Vierbeinern sollten ruhige Übungen auf dem Programm stehen, um ihn nicht zusätzlich »hochzufahren«.

▶ Sehr anhängliche und besonders aktive Hunde bekommen schon etwa eine halbe Stunde, bevor Sie aus dem Haus gehen, nur noch möglichst wenig Zuwendung.

▶ Sind gerade Ferien und alle Familienmitglieder zu Hause, ist oft »Dauerbespaßung« angesagt. Manchen Vierbeinern fällt dann die Umstellung auf den normalen Alltag nach Ferienende schwer. Sorgen Sie deshalb dafür, dass schon einige Tage vor dem Ende der Ferien die »Bespaßung« des Junghundes deutlich reduziert wird. Lassen Sie ihn in den letzten Ferientagen hin und wieder für zwei oder drei Stunden allein, damit er sich allmählich wieder auf den »grauen« Alltag einstellen kann.

Spannung beim Spaziergang erhalten

Früher oder später tun es alle Hundebesitzer – man läuft immer dieselben Wege, und der Hund weiß bereits genau, wohin es geht. Selbst wenn Ihr Vierbeiner nicht unaufmerksam ist, sollten Sie ihn ab und zu überraschen. So wird der Spaziergang für Ihren vierbeinigen Liebling immer wieder zu einem kleinen Abenteuer.

Biegen Sie doch beispielsweise einmal woanders ab oder kehren Sie einfach um – ohne Ankündigung. Das praktiziere ich sogar noch mit meiner 8-jährigen Hündin. Und es macht ihr großen Spaß, dann hinter mir herzusprinten. Versuchen Sie das doch auch einmal, wenn Sie mit einem anderen Hundebesitzer unterwegs sind und die Vierbeiner zusammen frei laufen. Kommt Ihr Hund freudig herbeigerannt, wenn Sie umkehren? Wann bemerkt er überhaupt, dass Sie schon ein ganzes Stück weg sind?

Überraschen Sie Ihren Vierbeiner immer wieder mal und biegen Sie einfach kommentarlos vom Weg ab.

Das Bleiben im »Realeinsatz«

Sie haben mit Ihrem Vierbeiner nun über die Monate das Bleiben systematisch mit Ablenkung und außer Sicht aufgebaut, und er macht die Übungen zuverlässig (→ Seite 61 und 148). Nun können Sie sie im Alltag gezielt einsetzen.

So klappt es: Dazu an dieser Stelle ein paar Beispiele, die im alltäglichen Leben mit dem Vierbeiner häufig vorkommen.

▶ Bekommen Sie manchmal Besuch von Menschen, die Hunden gegenüber eher vorsichtig eingestellt sind? Beispielsweise Freunde Ihrer Kinder oder die Oma, die nicht mehr so sicher auf den Beinen ist? Ihr Vierbeiner muss nicht als Empfangskomitee der Erste an der Tür sein. Klingelt es, lassen Sie ihn in der Diele ein Stück von der Tür entfernt sitzen oder legen ihn ab. Sie öffnen die Tür, und der Besuch kommt herein. Der Hund darf erst aufstehen, wenn der Besuch in der Wohnung ist, Sie die Tür wieder geschlossen haben und die Begrüßung der Besucher stattgefunden hat. Vorher das Lob für diese tolle Leistung nicht vergessen!

▶ Sie machen einen Ausflug und besuchen ein Lokal. Sie suchen sich einen ruhigen Platz und legen den Hund neben sich ab. Von der Bedienung erfahren Sie, dass Sie den Kuchen in der Vitrine auswählen müssen. Kein Problem – Sie geben Ihrem Hund das Signal »Bleib« und gehen in Ruhe Ihren Kuchen aussuchen.

▶ Wenn Sie mit Ihrem Hund bei Freunden oder Verwandten zu Besuch sind, ist ein Bleiben auch außer Sicht und/oder mit Ablenkung ebenfalls häufig nützlich.

Bitte beachten: Legen Sie Ihren Hund nur dann allein ab, wenn er weder ängstlich noch misstrauisch gegenüber Menschen ist. Lassen Sie den Junghund nicht zu lange außer Sicht liegen und passen Sie die Übung dem Ausbildungsstand Ihres Vierbeiners an. Nicht dass er sich in der Gaststätte womöglich auf den Weg in die Küche macht …

Der Mensch ist an der Tür, der Hund wartet in der Diele. So können auch vorsichtige Besucher unbehelligt ins Haus.

Zuverlässig wartet der Vierbeiner im Lokal an der ihm zugewiesenen Stelle, bis sein Mensch wieder zurückkommt.

153

Spaziergänge gestalten

Sie haben auf Seite 150 bereits gelesen, dass gezielte Beschäftigung ein wichtiger Punkt im Leben des Vierbeiners ist. Der Spaziergang eignet sich dafür besonders gut, und Sie brauchen keine zusätzliche Zeit einzuplanen, denn Sie sind ja sowieso regelmäßig mit Ihrem unternehmungslustigen Begleiter unterwegs. Sie müssen lediglich ein kleines Programm für ihn zusammenstellen. Ein paar Ideen finden Sie hier beschrieben, aber bestimmt fallen Ihnen – je nach Gelände und Vorlieben Ihres Hundes – noch mehr Möglichkeiten ein.

So klappt es: Falls Ihr Hund gern apportiert, ganz gleich ob den Ball oder das Futterdummy, ergeben sich daraus mehrere interessante Beschäftigungsideen.

▶ Lassen Sie den Vierbeiner zusehen, wenn Sie das Futterdummy in einem Reisighaufen verstecken. Anschließend darf er es mit dem Signal »Such« aufstöbern und bringen. Nach einigen Malen lassen Sie ihn nicht mehr zuschauen, sondern sagen nur »Such« und deuten dorthin, wo er suchen soll.

▶ Der Hund muss bei Fuß sitzen, und Sie werfen Ball oder Dummy. Aber Achtung – starten darf der Vierbeiner erst, nachdem der Ball ein paar Momente liegt und Sie das Signal »Bring« gegeben haben.

▶ Werfen Sie den Ball und gehen Sie anschließend mit dem Hund ein Stück bei Fuß in die entgegengesetzte Richtung. Nun drehen Sie sich wieder in Richtung Ball und schicken den Hund los. Gehorsam ist in Verbindung mit dem Apportieren sehr wichtig. So trainiert der Hund, Objekten, die sich bewegen, nicht einfach hinterherzurennen.

▶ Rufen Sie Ihren Hund durch unwegsames Gelände zu sich, zum Beispiel über Baumstämme. Lassen Sie den Hund sitzen, bevor Sie ihn rufen, oder bitten Sie eine zweite Person, ihn zu halten. Sie können ihn aber auch aus dem Freilauf rufen.

▶ Betreiben Sie ein wenig »Rettungshundearbeit« mit Ihrem Vierbeiner. Dazu hält ein Helfer den Hund am Halsband fest. Der Hund darf zuschauen, wie Sie mit seinem Lieblingsspielzeug oder der Leckerchentüte wedelnd in den Wald laufen und sich verstecken. Verhalten Sie sich jetzt ganz ruhig. Nach ein paar Momenten darf der Vierbeiner los und Sie suchen. Hat er Sie gefunden, gibt es ein Spiel oder einige Häppchen als verdiente Belohnung. Nach einigen Trainingseinheiten darf er nur ein paar Momente zuschauen, dann gar nicht mehr.

▶ Führt Ihr Weg Sie hin und wieder an einem Wildgehege oder an einer Stelle vorbei, an der Enten im Wasser schwimmen, Hühner laufen oder Kaninchen in einem Garten hoppeln? Dann nutzen Sie solche »Szenarien« doch gleich für ein paar Gehorsamsübungen. Lassen Sie den Vierbeiner dabei jedoch zunächst immer an der Leine. Er soll keine Möglichkeit haben »fehlzustarten«. Wenn aber alles gut klappt und er seine Aufmerksamkeit konzentriert auf Sie richtet, dann können Sie auch ohne Leine mit ihm üben.

Varianten: Nicht nur unterwegs, auch im Garten und im Haus lassen sich Beschäftigungseinheiten einplanen.

▶ Zwei umgedrehte Eimer, einen Besenstiel darübergelegt, und fertig ist das Hindernis!

▶ Futterdummy und Ball lassen sich auch in der Wohnung oder im Garten verstecken oder werfen.

▶ Aus Plastikflaschen, die beispielsweise mit Wasser gefüllt sind, lässt sich eine prima Slalomstrecke errichten.

▶ Für drinnen wie für draußen sind Tricks und Kunststücke geeignet, die man dem Hund mithilfe eines konditionierten Verstärkers, wie es zum Beispiel auch das konditionierte Belohnungswort ist (→ Seite 97), beibringen kann. Beim Hund wird aber meist mit einem Clicker gearbeitet, da das Geräusch dieses »Knackfrosches« exklusiver ist als ein gesprochenes Wort (→ Bücher, die weiterhelfen, Seite 166).

Übung	1	Der Hund sucht sein Futterdummy.

Übung	2	Ein »Hier« über ein Hindernis.

Übung	3	Der Ball fliegt, der Hund bleibt sitzen.

Übung	4	Gleich darf er den Menschen suchen.

»Bei-Fuß«-Variationen

Sie haben das Bei-Fuß-Laufen nun schon eine ganze Zeit systematisch trainiert, sodass der Vierbeiner jetzt bereits ein ganzes Stück angeleint und aufmerksam ohne Leckerchen laufen kann (→ Seite 114). Ideal ist es, wenn er, zumindest im Training, dabei Blickkontakt hält. Hat er aber eine gewisse Routine, und Sie nehmen ihn im Alltag bei Fuß, muss er nicht die ganze Zeit zu Ihnen schauen. Er soll aber bewusst dicht an Ihrer Seite bleiben und weder am Boden schnüffeln noch seine Aufmerksamkeit deutlich auf etwas anderes lenken. Außerdem muss er sich Ihrer Geschwindigkeit anpassen, denn mal geht man langsamer, mal ist man schneller unterwegs. Dabei soll der Vierbeiner nicht nur mit, sondern auch ohne Leine dicht bei Fuß bleiben. Damit können Sie nun beginnen. Außer dem praktischen Nutzen bringen die folgenden Übungen zusätzlich auch noch Abwechslung in den Trainingsalltag.

So klappt es: Sie haben ja bereits mit Ihrem Hund geübt, über ein Hindernis wie einen Baumstamm oder ein paar Stufen zu gehen. Ihr Vierbeiner muss dabei sehr konzentriert laufen. Er lernt dadurch, bewusst an Ihrer Seite zu bleiben. Nun bauen Sie das noch etwas aus. Der Hund soll dabei stets an lockerer Leine mitlaufen. Gehen Sie zum Beispiel über mehrere Baumstämme, die nur ein paar Meter Abstand zueinander haben. Oder gehen Sie im Slalom um dünne Bäume herum.

► Üben Sie verschiedene Geschwindigkeiten. Wechseln Sie vom normalen Schritt mit einem lang gedehnten, ruhigen Signal »Fuuuuß« in ein sehr langsames Tempo. Achtung – lassen Sie sich nicht unbewusst vom Hund »beschleunigen«, wenn der lieber etwas schneller laufen möchte. Nach einigen Metern kommt wieder ein aufmunterndes »Fuß«, und Sie gehen wieder zügig. Ebenfalls aufmunternd klingt Ihr Hörzeichen, wenn Sie schneller werden und bei Fuß im Joggingtrab üben.

Übung 1 Slalom bei Fuß – eine Abwechslung.

Übung 3 Frei bei Fuß zuerst ohne Ablenkung …

Übung 2 Mit Übung klappt es auch ohne Leine.

Übung 4 ... und dann auch mit Ablenkung.

▶ Ist Ihr Vierbeiner schon sehr routiniert, dann versuchen Sie doch einmal Folgendes: Sie laufen mit ihm bei Fuß und bleiben dann relativ abrupt stehen. Stoppt er auch? Sehr gut!

▶ Nun können Sie »Bei Fuß« ohne Leine versuchen. Lassen Sie den Hund wie gewohnt an Ihrer Seite sitzen. Leinen Sie ihn ab. Sie haben das ja fleißig trainiert, sodass Ihr Schüler jetzt entspannt sitzen bleibt (→ Seite 151). Nun sagen Sie »Fuß« und gehen wie gewohnt los. Achten Sie hier besonders auf Ihre Körpersprache! Verhalten Sie sich beim Loslaufen so, als hätten Sie Ihren Hund an der Leine. Dann wird er auch an Ihrer Seite bleiben. Wenn Sie aber unsicher sind und deshalb zögerlich losgehen und vielleicht auch noch nach Ihrem Vierbeiner schauen, ob der auch tatsächlich mitkommt, wirken Sie nicht gerade überzeugend auf ihn. Er wird dann wahrscheinlich sitzen bleiben und nicht recht wissen, was er jetzt tun soll. Also vertrauen Sie Ihrem Hund!

▶ Sobald der Vierbeiner auch ohne Leine und auf ebenem Untergrund dicht bei Fuß bleibt, versuchen Sie nach und nach alle Übungen, die Sie mit Leine geübt haben, jetzt auch ohne. Gehen Sie also zum Beispiel über Hindernisse, Slalom um Bäume und an Ablenkungen vorbei.

Haben Sie einen Trainingspartner? Dann laufen Sie mit den Hunden doch einmal aneinander vorbei, aber mit einem gewissen Abstand. Das ist eine sehr gute Bei-Fuß-Übung!

▶ Üben Sie außerdem auch das langsame und schnelle Tempo frei bei Fuß mit Ihrem Vierbeiner.

Wichtig: Die Trainingseinheiten ohne Leine sollten beim jungen Hund nur einen kleinen Teil der Fuß-Übungen einnehmen. Auch hier ist Qualität statt Quantität gefragt. Beobachten Sie Ihren Hund gut. Läuft er dicht an Ihrer Seite oder mit viel Zwischenraum? Lässt er sich zurückfallen oder driftet vielleicht nach vorne ab? Falls das freie Fußlaufen ungenau wird, üben Sie wieder mehr an der Leine.

Übung | 1 | Der Hund ist voraus, gleich zerrt er.

Übung | 2 | Jetzt kehren Sie um.

Leinenführigkeit festigen

Hatte der Hund bisher immer wieder einmal Erfolg mit dem Zerren, kann sich das Gehen an der Leine bei größeren oder schwereren Vierbeinern nun zu einem unangenehmen Kraftakt entwickeln. Aber mit etwas Durchhaltevermögen und genauem Üben lässt sich Abhilfe schaffen.

So klappt es: Erinnern Sie sich an grundsätzliche Regeln. Sofern der Hund genügend Freilaufmöglichkeiten hat, lassen Sie ihn an der Leine möglichst nicht schnüffeln. Rüden sollten an der Leine nicht markieren. Zumindest nicht, wenn Sie dazu anhalten oder langsamer werden müssen. Denn dann richten Sie sich wieder nach dem Hund. Geschieht das häufig, wirkt sich das fördernd auf das Zerren aus. Der Vierbeiner darf sich zu Beginn der Strecke, die er angeleint gehen soll, oder zwischendurch lösen. Ist er dann älter und läuft immer ohne zu zerren, kann man die Regeln auch wieder etwas lockern.

▶ Sorgen Sie für genügend Auslastung Ihres Vierbeiners. Aufgestaute Energie kann sich auch durch Zerren auswirken. Dann muss die Energie erst mal abgearbeitet werden, bevor man vom Hund verlangt, ruhig an der Leine zu gehen.

▶ Suchen Sie sich einen breiten Weg oder besser noch eine große gemähte Wiese oder ähnliches Gelände. Stellen Sie die Leine auf maximale Länge. Leinen Sie den Hund an und gehen Sie dann unangekündigt und zügig los. Sobald Ihr Hund nun beginnt, nach vorne oder seitlich wegzulaufen, wenden Sie um 180 Grad und gehen, ohne langsamer zu werden oder nach dem Hund zu schauen, weiter. Wichtig – wenden Sie immer, solange die Leine noch nicht straff ist. Nur dann bekommt der Hund einen leichten Impuls (bitte dosieren!) und merkt, dass Sie schon weg sind. Machen Sie das ein, zwei Mal jeweils etwa 10 Minuten, ohne anzuhalten. Merken Sie schon etwas? Bleibt der Hund schon meist an lockerer Leine bei Ihnen? Sucht er schon manchmal Blickkontakt? Sehr gut! Dann bleiben Sie während des Gehens plötzlich stehen – ohne irgendetwas zu sagen. Was macht der Vierbeiner? Stoppt er auch und bleibt bei Ihnen stehen? Schaut er Sie vielleicht sogar an? Super! Sie sind auf dem richtigen Weg. Falls es noch nicht klappt, ist das

Übung 3 Und die Leine ist wieder locker.

Übung 4 Sie bleiben stehen, er auch – super!

kein Problem. Nicht jeder Hund ist gleich. Nach einigen Trainingseinheiten funktioniert es sicher.

► Das Umkehren behalten Sie auch in Alltagssituationen so lange wie nötig bei. Kalkulieren Sie ein, dass Sie dann von A nach B länger als normal brauchen.

► Während Sie noch die Leinenführigkeit mit Ihrem Vierbeiner üben, sollte niemand mit dem Hund unterwegs sein, der nicht genau darauf achtet, dass der Hund nicht an der Leine zerrt.

► Wenn Sie an einem Zaun oder einer Mauer entlanggehen und der Hund an Ihnen vorbeimöchte, schneiden Sie ihm den Weg ab, indem Sie sich vor ihn drängen. Geht er dagegen an lockerer Leine neben oder hinter Ihnen, lassen Sie ihm Platz.

► Für notorische Zerrer gibt es noch eine andere Option – das Halti. Es ist im Prinzip dasselbe wie ein Halfter beim Pferd. Es verläuft ein Riemen über den Nasenrücken des Hundes, verschlossen wird es hinter den Ohren. Es hat nichts mit einem Maulkorb zu tun, denn es sitzt um die Nase herum locker. Der Hund kann damit fressen, trinken und gähnen. Die Leine wird mit einem Karabiner am Halti unter dem Kinn des Hundes befestigt, das andere Ende der Leine bleibt am Halsband. Das Halti bewirkt, dass der Hund sich in dem Moment, in dem er zerren möchte, praktisch von selbst zu Ihnen herumführt, weil Sie dagegenhalten. Ein weiterer Vorteil ist, dass man keine Kraft braucht, um den Vierbeiner zu korrigieren.

Achtung! Am Halti darf es keinesfalls einen Ruck geben! Vor dem Einsatz muss der Vierbeiner zunächst an das Halti gewöhnt werden. Den richtigen Gebrauch lassen Sie sich am besten von einem Hundetrainer zeigen, der mit dem Einsatz eines Haltis ausreichend Erfahrung hat.

Variante: Richtungswechsel und das Abdrängen an Zaun oder Mauer sind auch dann nützlich, wenn der Hund beim Fuß-Gehen nach vorne abdriftet. Achten Sie dabei aber darauf, dass er im Gegensatz zur Leinenführigkeit wirklich eng an Ihrer Seite und auf Ihrer Höhe bleibt.

Wichtig: Sie können Ihrem Vierbeiner das Zerren nur dann dauerhaft abgewöhnen, wenn Sie lange genug seinem unerwünschten Verhalten entgegenwirken und tatsächlich in jeder Situation konsequent bleiben.

Was tun, wenn es Probleme gibt?

Ihr Junghund ist voller Saft und Kraft. Abhängig vom Hundetyp, der Beziehung zwischen Zwei- und Vierbeiner und dem Umgang mit dem Hund, gibt es so manche Klippe zu umschiffen. Das ist aber oft einfacher, als man denkt …

Pöbeln an der Leine

Situation

Unser Hund beginnt, an der Leine andere Vierbeiner anzupöbeln. Wie kann ich ihm das abgewöhnen?

Ursache und Abhilfe

Zunächst ist sehr wichtig, dass Sie Ihren Hund nicht »alarmieren«. Werden Sie langsamer, wenn ein angeleinter Hund entgegenkommt? Straffen Sie dabei auch noch die Leine? Sagen Sie zu Ihrem Hund vielleicht: »Schau mal, wer da kommt?« Verhaltensweisen dieser Art signalisieren dem Hund: »Achtung – da kommt einer.« Und schon fühlt er sich auf den Plan gerufen und »bläst« sich auf. Bleiben Sie also cool und gehen Sie ganz normal weiter.

▸ Reagieren Sie je nach Platz, Situation und dem Verhalten Ihres Hundes. In dem Moment, in dem Sie bemerken, dass Ihr Hund sich anspannt oder er sich blicktechnisch auf den Artgenossen »einschießt«, drängen Sie ihn nach außen ab, biegen ab oder machen flugs auf dem Absatz kehrt (→ Seite 147). Es kann auch reichen, einfach in einem Bogen zügig an dem anderen Vierbeiner vorbeizugehen. Dabei achten Sie nicht auf Ihren Hund, sondern ziehen ihn einfach mit. Ist Ihr Vierbeiner ansprechbar und nicht zu aufgeregt, kann ein Alternativverhalten reichen. Nehmen Sie ihn bei Fuß und konzentrieren ihn auf sich. Dafür gibt es eine Belohnung. Belohnen Sie ihn aber nicht, wenn er zwar bei Fuß bleibt, den anderen Hund aber nicht aus den Augen lässt. Denn damit würden Sie letztlich auch bestärken, dass Ihr Hund sich auf den anderen konzentriert. Genau das soll er aber nicht.

▸ Läuft der »Kontrahent« frei, sollte dessen Besitzer selbst so schlau sein, seinen Hund zu sich zu rufen. Andernfalls fordern Sie ihn dazu auf. Hilft das nicht, bleibt je nach Situation als Notlösung, den Hund abzuleinen. Aber wirklich nur notfalls, denn das Ableinen kann bei Ihrem Halbstarken auch als Belohnung für sein Pöbeln ankommen.

Zu viel Wachinstinkt

Situation

Wenn es klingelt, rennt unser Hund bellend zur Tür und knurrt unsere Besucher an. Wie können wir das ändern?

Ursache und Abhilfe

Zuerst ist es wichtig festzustellen, ob das Verhalten wirklich Wachinstinkt oder eher Unsicherheit ist. Hängt der Schwanz nach unten oder ist gar eingezogen und verhält sich Ihr Vierbeiner eher fluchtbereit? Ist Ihr Hund an sich ein unsicherer Typ und/oder Menschen gegenüber ausweichend und ängstlich? Dann bringen Sie ihn, bevor Sie die Tür öffnen, an eine Stelle abseits der »Begrüßungszone«. Leinen Sie ihn an oder führen Sie Ihn in seine Box. Kommt der Besuch herein, sollte niemand den Hund ansehen. So muss er sich nicht bedroht fühlen. Achten Sie darauf, dass keiner Ihrem Hund den Kontakt aufzwingt!

▶ Ist Ihr Hund ein Kontrollfreak, der ständig alles im Auge behält und der gern im Eingangsbereich liegt, damit er ja nichts verpasst? Sollte er dort sein Bett haben, verlegen Sie es an einen vom Eingang weit entfernten Platz. Auch der Futterplatz ist am besten weit weg vom Eingang.

▶ Liegt er trotzdem noch gern am Eingang, wischen oder kehren Sie immer dort, wo er gerade liegt. Oder gehen Sie ohne Blickkontakt so hin und her, dass er immer wieder ausweichen muss. Auf diese Weise »vermiesen« Sie ihm diesen Platz, und er wird sich wohl oder übel einen anderen Ruheplatz suchen müssen.

▶ Überdenken Sie Ihren Umgang mit dem Hund. Sind Sie überwiegend der Teil des Mensch-Hund-Teams, der reagiert statt agiert? Dadurch wirken Sie auf Ihren Hund nicht so, als ob Sie für die Sicherheit des »Rudels« sorgen könnten. Bei entsprechender Veranlagung bleibt dem Hund also gar nichts anderes übrig, als diese Aufgabe selbst wahrzunehmen. Ändern Sie Ihren Umgang mit ihm. Verhalten Sie sich souverän und festigen Sie den Gehorsam. Sorgen Sie außerdem für gezielte Beschäftigung. Dann sollte es kein Problem sein, den Jungspund in der Diele abzulegen oder mindestens an der Leine neben sich sitzen zu lassen, während Sie den Besuch empfangen.

Bitte beachten: In einem Buch lassen sich keine tiefer gehenden individuellen Ratschläge geben. Wenn Sie mit einem unerwünschten Verhalten Ihres Hundes nicht klarkommen, suchen Sie sich bitte rechtzeitig praktische Hilfe durch einen kompetenten Hundetrainer oder verhaltenstherapeutisch ausgebildeten Tierarzt.

Der Hund macht, was er will

Situation

Trotz unangekündigtem Richtungswechsel und systematischem Üben ignoriert mich mein Hund, wenn wir unterwegs sind. Wie kann ich das ändern?

Ursache und Abhilfe

Manche Vierbeiner sind ziemlich selbstständig. Aber auch wenn der Hund zu viel Zuwendung bekommt und stets im Mittelpunkt steht, ist er unter Umständen froh, die »Dauerbetütelung« unterwegs einmal los zu sein. Hier helfen ein veränderter Umgang und ein souveränes Verhalten gegenüber Ihrem Vierbeiner. Aber Sie haben noch einen Joker im Ärmel: die Fütterung aus der Hand. Damit machen Sie den Vierbeiner sehr von sich abhängig. Fütterung aus der Hand heißt, dass der Hund nichts mehr aus dem Napf bekommt, sondern sich seine Ration über den Tag verteilt erarbeiten muss. Er bekommt also jedes Mal, wenn er sich so verhält, wie Sie es möchten, ein paar Happen – sowohl unterwegs als auch in Haus und Garten. Sie rufen ihn, er kommt, es gibt etwas. Sie ändern unterwegs mehrmals die Richtung, er folgt, es gibt etwas, usw. Ihr Vierbeiner bekommt also für jede Übung, die er richtig ausführt, einen Teil der Mahlzeit, aber nur dafür. Ihr Vierbeiner muss dafür jedoch entsprechend hungrig sein. Lassen Sie ihn zu Beginn einen Tag hungern und mischen Sie besonders leckere Happen unter sein normales Futter.

REGISTER

Die **halbfett** gesetzten Seitenzahlen verweisen auf Abbildungen. **U** = Umschlag, **UK** = Umschlagklappen

ADRESSEN, DIE WEITERHELFEN

Fédération Cynologique Internationale (FCI), Place Albert 1er, 13, B-6530 Thuin, www.fci.be

Verband für das Deutsche Hundewesen e. V. (VDH), Westfalendamm 174, 44141 Dortmund, www.vdh.de

Österreichischer Kynologenverband (ÖKV), Siegfried-Marcus-Str. 7, A-2362 Biedermannsdorf, www.oekv.at

Schweizerische Kynologische Gesellschaft (SKG/SCS), Brunnmattstr. 24, CH-3007 Bern, www.skg.ch

Deutscher Tierschutzbund e. V., Baumschulallee 15, 53115 Bonn, www.tierschutzbund.de

Schweizer Tierschutz (STS) Dornacherstr. 101, CH-4008 Basel, www.tierschutz.com, Beratungsstelle Tel. 0041/61/3659999

Österreichischer Tierschutzverein, Berlagasse 36, A-1210 Wien, Tel. 0043/1/89 73 34 6-0, www.tierschutzverein.at

Deutscher Hundesportverband, Ennertsweg 51, 58675 Hemer, www.dhv-hundesport.de

Berufsverband der Hundeerzieher/innen und Verhaltensberater/innen e. V. (BHV), Eichenweg 2, 65527 Niedernhausen, www.hundeschule.de

Forschungskreis Heimtiere in der Gesellschaft, Postfach 110728, 28087 Bremen, www.mensch-heimtier.de

Bundestierärztekammer e. V. Oxfordstr. 10, 53111 Bonn, www.bundestieraerztekammer.de

BPT-Bundesverband praktizierender Tierärzte e. V. www.smile-tierliebe.de Über das Online-Tierärzteverzeichnis des BPT finden Sie Tierärzte in Ihrer Nähe.

Fragen zur Haltung von Hunden beantworten Ihr Zoofachhändler und der Zentralverband Zoologischer Fachbetriebe Deutschlands e. V. (ZZF), Tel. (0611) 44755332 (nur telefonische Auskunft möglich: Mo 12–16 Uhr, Do 8–12 Uhr), www.zzf.de

HAFTPFLICHTVERSICHERUNG

Fast alle Versicherungen bieten auch Haftpflichtversicherungen für Hunde an. Informieren Sie sich bei Ihrer Versicherung.

KRANKENVERSICHERUNG

Uelzener Versicherungen, Postfach 2163, 29511 Uelzen, www.uelzener.de

Puntobiz GmbH, Immendorfer Str. 1, 50354 Hürth, www.tierversicherung.biz

AGILA Haustierversicherung AG, Breite Str. 6–8, 30159 Hannover, www.agila.de

Allianz, Königinstr. 28, 80802 München, www.katzeundhund.allianz.de

REGISTRIERUNG VON HUNDEN

Deutsches Haustierregister, Deutscher Tierschutzbund e. V., Baumschulallee 15, 53115 Bonn, www.deutsches-haustierregister.de

TASSO e. V., Abt. Haustierzentralregister, 65784 Hattersheim, Tel. (06190) 937300, www.tasso.net

Internationale Zentrale Tierregistrierung (IFTA), Nördliche Ringstr. 10, 91126 Schwabach, Tel. (00800) 43820000 (kostenlos)

ADRESSEN IM INTERNET

www.hunde.com Infos rund um den Hund, Diskussionsforum

www.hundeadressen.de Infos zu Sport, Erziehung und Ausbildung, Züchteradressen

www.hundewelt.de Alles Wissenswerte über Rassehunde mit wichtigen Adressen

www.spass-mit-hund.de Mit vielen Ideen rund um Spiele und Beschäftigung mit dem Hund

www.hallohund.de Hundemagazin mit Themen rund um den Hund

www.ferien-mit-Hund.de Viele Adressen von Hotels, Ferienhäusern und Ferienwohnungen für den Urlaub mit Hund

www.tierklinik.de Informationsportal zur Tiermedizin, mit Ratgeber, Info Erste Hilfe, Notdienstadressen u. v. a.

BÜCHER, DIE WEITERHELFEN

Hegewald-Kawich, H.: Hunderassen von A bis Z. Gräfe und Unzer Verlag, München

Hegewald-Kawich, H.: Mein Heimtier: Mein Welpe. Gräfe und Unzer Verlag, München

Hegewald-Kawich, H.: Unser Hund. Gräfe und Unzer Verlag, München

Kübler, H.: Quickfinder Hundekrankheiten. Gräfe und Unzer Verlag, München

Mack A./Wolf K.: Mein Hund hat Angst. Gräfe und Unzer Verlag, München

Ludwig, G.: Das große GU Praxishandbuch Hunde. Gräfe und Unzer Verlag, München

Schlegl-Kofler, K.: Das große GU Praxishandbuch Hunde-Erziehung. Gräfe und Unzer Verlag, München

Schlegl-Kofler, K.: Hunde-Clickertraining. Gräfe und Unzer Verlag, München

Schlegl-Kofler, K.: Hundesprache. Gräfe und Unzer Verlag, München

Schlegl-Kofler, K.: Mit dem Hund spielen und trainieren. Gräfe und Unzer Verlag, München

Wegler, M./Ludwig G.: Typisch Hund. Gräfe und Unzer Verlag, München

Wolf, K.: Hunde – Spiel & Sport. Gräfe und Unzer Verlag, München

ZEITSCHRIFTEN

Der Hund. Deutscher Bauernverlag GmbH, Berlin

Partner Hund. Gong Verlag, Ismaning, www.partner-hund.de

Unser Rassehund. Hrsg. Verband für das Deutsche Hundewesen e. V., Dortmund

Dogs. Gruner + Jahr, Hamburg

Hundewelt. Minerva Verlag, Mönchengladbach

Freude am Tier

GU Tierratgeber – damit Ihr Heimtier sich wohlfühlt

ISBN 978-3-7742-8844-7
288 Seiten

ISBN 978-3-8338-1367-2
192 Seiten

ISBN 978-3-8338-1803-5
144 Seiten

ISBN 978-3-8338-0871-5
256 Seiten

ISBN 978-3-8338-1197-5
64 Seiten

ISBN 978-3-8338-0595-0
64 Seiten

ISBN 978-3-7742-1604-4
64 Seiten

ISBN 978-3-8338-2179-0
36 Trainingskarten, Begleitbuch
plus GU Clicker

Das macht sie so besonders:

Rat vom Experten – bestens informiert

Gut versorgt – von Anfang an

Tolle Ideen – mit Wohlfühlgarantie

Willkommen im Leben.

DIE FOTOGRAFEN

Oliver Giel hat sich auf Natur- und Tierfotografie spezialisiert und betreut mit seiner Lebensgefährtin Eva Scherer Bildproduktionen für Bücher, Zeitschriften, Kalender und Werbung. Homepage: www.tierfotograf.com.
Fotos: 3-4, 9, 11, 14, 16, 17, 18, 19, 21, 24, 25, 26, 27, 28, 29, 32, 40, 41, 46, 47, 48, 49, 50, 51, 66, 67, 68, 69, 70, 71, 76, 86, 87, 89, 90, 91, 96, 104, 106, 108, 111-2, 111-3, 121, 126, 127, 130, 131, 132, 133, 134, 135, 136, 137, 152, 153, 155, 156, 157, 158, 159, U4-1, U8-2, U8-3
Christine Steimer arbeitet als freie Fotografin und hat sich auf Heim- und Haustierfotografie spezialisiert. Sie arbeitet für internationale Buchverlage, Fachzeitschriften und Werbeagenturen.
Fotos: 7, 33, 35, 36, 37, 39, 42, 43, 54, 55, 57, 58, 59, 60, 61, 74, 75, 78, 79, 80, 81, 82, 83, 94, 95, 98, 99, 100, 101, 114, 115, 116, 118, 119, 120, 122, 123, 142, 143, 144, 145, 146, 147, 148, 149, U2-1, U3-2, U3-4
Arco: U3-3,
Thomas Brodmann: 109, 128, **Cogis:** U3-1, **Kathrin Fischer:** 2-1, 4, **Juniors Bildarchiv:** U2-2, U4-3, **Tierfotoagentur:** 2-2, 12, 111-1, U4-2, U8-1, **Jana Weichelt:** Cover, 1, **Monika Wegler:** 3-1

WICHTIGE HINWEISE

Die Informationen und Empfehlungen in diesem Buch beziehen sich auf normal entwickelte, charakterlich einwandfreie Hunde. Bei Hunden aus dem Tierheim können Pfleger und Tierheimleitung oft Auskunft über die Vorgeschichte des Vierbeiners geben. Für jeden Hund ist ein ausreichender Versicherungsschutz zu empfehlen.

IMPRESSUM

© 2010 GRÄFE UND UNZER VERLAG GmbH, München. Alle Rechte vorbehalten. Nachdruck, auch auszugsweise, sowie Verbreitung durch Bild, Funk, Fernsehen und Internet, durch fotomechanische Wiedergabe, Tonträger und Datenverarbeitungssysteme jeder Art nur mit schriftlicher Genehmigung des Verlages.

Projektleitung: Anita Zellner
Lektorat: Gabriele Linke-Grün
Bildredaktion: Petra Ender
Umschlaggestaltung: independent Medien-Design, Horst Moser, München
Layout und Satz: Ludger Vorfeld
Herstellung: Susanne Mühldorfer
Reproduktion: Longo AG, Bozen
Druck: Firmengruppe APPL, aprinta druck, Wemding
Bindung: Firmengruppe APPL, sellier, Freising

Printed in Germany

ISBN 978-3-8338-1171-5

3. Auflage 2011

Syndication:
www.jalag-syndication.de

GRÄFE UND UNZER

Ein Unternehmen der
GANSKE VERLAGSGRUPPE